# 黄鳝这样养殖

## 就赚钱

羊　茜　占家智　编著

科学技术文献出版社
SCIENTIFIC AND TECHNICAL DOCUMENTATION PRESS
·北京·

## 图书在版编目(CIP)数据

黄鳝这样养殖就赚钱/羊茜,占家智编著.—北京:科学技术文献出版社,2013.10(重印)

ISBN 978-7-5023-7697-0

Ⅰ.①黄… Ⅱ.①羊… ②占… Ⅲ.①黄鳝属－淡水养殖 Ⅳ.①S966.4

中国版本图书馆 CIP 数据核字(2013)第 001949 号

**黄鳝这样养殖就赚钱**

策划编辑:孙江莉 责任编辑:孙江莉 责任校对:张燕育 责任出版:张志平

| | | |
|---|---|---|
| 出 版 者 | 科学技术文献出版社 | |
| 地 址 | 北京市复兴路 15 号 邮编 100038 | |
| 编 务 部 | (010)58882938,58882087(传真) | |
| 发 行 部 | (010)58882868,58882866(传真) | |
| 邮 购 部 | (010)58882873 | |
| 官 方 网 址 | http://www.stdp.com.cn | |
| 发 行 者 | 科学技术文献出版社发行 全国各地新华书店经销 | |
| 印 刷 者 | 北京金其乐彩色印刷有限公司 | |
| 版 次 | 2013 年 3 月第 1 版 2013 年 10 月第 2 次印刷 | |
| 开 本 | 850×1168 1/32 | |
| 字 数 | 154 千 | |
| 印 张 | 8.5 | |
| 书 号 | ISBN 978-7-5023-7697-0 | |
| 定 价 | 19.00 元 | |

"六月黄鳝赛人参"，黄鳝以它特有的风味和保健功能成为人们竞相食用的佳品，也是我国传统的名优水产品，更是我国在国际市场上坚挺的出口创汇的淡水鱼类。发展黄鳝的养殖是服务三农的必然选择，是调整农村产业结构、增强农民增收增效能力、拓展农村致富途径的需要，它的高效养殖技术更是发展经济、富裕群众、增强出口创汇能力的技术保证。

近十年来，黄鳝养殖在我国各地迅速发展，究其原因有如下几点：一是黄鳝的价格和价值正被国内外市场接受，人们生产的优质黄鳝成品在市场上不愁没有销路。二是黄鳝高效养殖的技术能够得到推广，尤其是国家相关部门重视对黄鳝养殖技术的研究，许多地方将黄鳝养殖作为"科技下乡"、"科技赶集"、"科技兴渔"、"农村实用技术培训"的主要内容，关键技术能够迅速被广大养殖户接收。三是黄鳝高效养殖的方式是多样化的：既可以集团式的规模化养殖，也可以是千家万户的庭院式养殖；

既可以在池塘或水泥池中饲养，也可以在大水面或稻田中饲养；既可以无土饲养，也可以有土饲养；既可以在网箱或池塘中精养，也可以在沟渠、塘坝、沼泽地中粗养。四是只要苗种来源好，饲养技术得当，可以实现当年投资、当年受益的目的，有助于资金的快速回笼。

另一方面，黄鳝养殖作为新兴技术，目前在发展中仍有它存在的技术瓶颈，主要体现在：一是黄鳝的全人工繁殖还没有被完全攻克；二是苗种市场比较混乱，炒苗现象相当严重，伪劣鳝种坑农害农的现象仍时有发生，尤其是所谓的"特大鳝"、"泰国鳝"等就是用本地野生黄鳝冒充的，由于这些科技骗局的欺骗性和隐蔽性，常常让许多一心想发家致富的农民损失惨重，甚至血本无归；三是针对黄鳝养殖特有的专用药物还没有开发出来，目前沿用的仍然是一些兽药或其他常规鳝药，一些生产者的无公害意识不强，滥用药物防治鳝病的现象时有发生，导致出口的黄鳝被检出抗生素超标而屡次被进口国闭关、退货或销毁，又反过来打击我国的黄鳝养殖发展；四是黄鳝的深加工技术还跟不上，目前生产出来的黄鳝还仅仅是为了满足吃，它潜在的深加工价值还没有得到充分体现；五是相关媒体对黄鳝的负面报道仍然影响着人们的消费，尤其是"避孕药黄鳝"的传言满天飞，给黄鳝养殖的进一步发展带来了不小的冲击，表现在局部地区的黄鳝在销售、消费方面受阻，售价下降，养殖户的利润空间受到挤压，人们养殖的积极性受挫。

黄鳝怎么养才能赚钱？为了帮助广大农民朋友掌握最新的黄鳝养殖技术，通过养殖来赚钱，加上我们在生产过程中的一些经验，我们编写了这本《黄鳝这样养殖就赚钱》一书，本书的内容重点是介绍黄鳝的高效养殖技术及与之相配套的苗种供应、饵料供应等技术，希望能给广大农民朋友带来福音。

本书的养殖方案实用有效，可操作性强，适合全国各地黄鳝养殖区的养殖户参考，对水产技术人员也有一定的参考价值。由于时间紧迫，技术水平有限，本书中难免会有些失误，恳请读者朋友指正为感。

占家智

二〇一二年九月

# C目录
## ONTENTS

— 5 —

# 第一章　黄鳝的生物学

## 一、黄鳝的分类与分布

黄鳝（*Monopterus albus Zuiew*）又名鳝鱼、长鱼、无鳞公子等，属合鳃目、合鳃科、黄鳝属。黄鳝为亚热带鱼类，广泛分布于亚洲东部及南部的中国、朝鲜、日本、泰国、印度尼西亚、马来西亚、菲律宾等国。黄鳝肉厚刺少，肉质细嫩、营养丰富、肌间刺少、味道鲜美，别具风味，含肉率高达65%以上，深受广大食客的青睐，与泥鳅、鳗鲡合称为"淡水三参"。它不仅能做成多种美味佳肴，而且有一定的药用价值。人工养殖黄鳝具有方法简便、占地面积小、饲料来源广、生产周期短、见效快、经济效益高等特点，是农村"短、平、快"致富的技术之一。

## 二、形态特征

黄鳝体细长，近似圆筒形，前部浑圆，后部稍侧扁，尾短而尖，和我们平时见到的蛇很相似。一般体长25～40厘米，最大体长可达70厘米，体重可达1.5公斤。头部膨大，吻部变尖，小眼睛，隐藏在皮肤之下，有时不注意时发现不了鳝鱼的眼睛，许多农民以为黄鳝是瞎子，没有眼睛，这种说法是不正确的。黄鳝的体表光滑没有鳞片，有丰富的黏液，在抓捕黄鳝时非常滑溜，就是这些黏液的功劳。黄鳝身体的表面有一些黑色的小斑点，背面为黄褐色或青褐色，腹面呈灰白色或橙黄色。

黄鳝虽然是鱼类，但是它的背鳍和臀鳍已经退化，没有胸鳍和腹鳍，体内没有鱼鳔，在水中能做短距离游泳，在岸上也仅适于扭动前进，与鱼类的快速且长时间的游泳有一定区别，因此在养殖中也形成了它特有的养殖方式。

黄鳝的身体由骨骼系统、肌肉系统、呼吸系统、消化系统、循环系统、排泄系统、生殖系统、神经系统、感觉器官和内分泌系统等组成。

### 三、黄鳝的生活习性

黄鳝为底栖性鱼类，适应能力较强，对水体水质等要求不严。多栖息于河流、池塘、湖泊、水田、沟渠等静止水体的埂边或浅底泥穴之中。它除了具有一般鱼类的生活习性外，还具有以下的生活习性必须要掌握，因为这些生活习性将直接影响人工养殖技术的设计和使用。

### 1. 黄鳝的生活史

黄鳝的一生是从雌雄亲鳝排卵受精、精卵结合而成为有活性的受精卵开始算起，经历了胚胎发育期、鳝苗期（又叫稚苗期）、鳝种期（又叫幼鳝期）、成鳝期和亲鳝期等多个时期。

## 2. 洞穴生活

黄鳝常利用天然缝隙、石砾间隙和漂浮在水面的水草丛作为栖息场所。它们喜欢在水体的泥质底层或埂边钻洞穴居。洞是由黄鳝用头钻成的。洞道弯曲，多分叉，每个洞穴至少有两个洞口，分别叫前洞和后洞，有的黄鳝洞穴更复杂，还有岔洞，一般相距60～90厘米，一个洞口在水中，供外出觅食或作临时的退路；另一个洞口通常离水面10～30厘米，便于呼吸，在水位变化大的水体中，有时甚至有4～5个洞口。洞口通常开口于隐蔽处，洞口下缘2/3没于水中。在水田中央的洞，离地面深约3～4厘米，并呈横向发展。前洞产卵处比较宽，后洞较窄，洞长约为黄鳝体长的3～5倍。

## 3. 摄食习性

"长嘴就要吃"，黄鳝也不例外，它也要吃食物，因此研究它的摄食习性是正确进行人工投喂的前提，由于本书在相关饵料投喂部分将作详细的解读，在这里就不再展开阐述。

## 4. 昼伏夜出的习性

由于黄鳝长期的穴居生活习性，导致它的眼睛受影响，视觉不发达，导致视神经功能减弱而怕光喜暗，因此白天它基本上是潜伏在水底、洞穴、草丛、树洞中、砖石下、岩缝中等，到了晚上就会出来活动、觅食。但要注意的一点就是，黄鳝虽然有昼伏夜出的习性，但是它也不能长期处于绝对的黑暗环境中。

## 5. 特殊的繁殖习性

黄鳝的繁殖有其独特的习性，也就是它的生殖腺方面的特殊性，同一尾黄鳝的性腺，都是经过了先雌后雄的阶段，这在自然界中还是非常少的，就是黄鳝特有的性逆转现象，也就是说一尾黄鳝，在早期阶段是雌性阶段，后期为雄性阶段，而在前后期之间则为雌雄间体阶段。

黄鳝生殖腺右侧发达，左侧退化。繁殖期间，右侧卵巢几乎充满整个腹腔，透过腔壁，肉眼可以看见卵巢轮廓与卵粒大小及色泽。生殖腺左侧退化，仅为两端封闭的一根细管而已。生殖也在肛门后方，只在生殖期才接通。

## 6. 黄鳝的年龄

根据科研界的划分，当年五六月份繁殖孵化出来的鳝苗，经过正常生长发育到当年越冬前的个体，它的年龄就人为地界定为零龄；经过一个冬季后的个体，生长至本年冬季前的就叫 1 龄，其余的年龄以此类推。根据目前的文献资料，黄鳝的正常鳝龄为 4～5 龄，最大鳝龄有 7～8 龄。

年龄的鉴定，对于黄鳝来说也是有讲究的，由于黄鳝是无鳞鱼，鳃部也退化了，除尾鳍发达外，其余各鳍基本上已经退化，因此用鱼类常规的通过鳞片、鳃盖骨、鳍条等来鉴定它的年龄，那是不可能的事，因此目前科研界采用脊椎骨、基舌骨、耳石等多方位进行鉴定。

## 7. 黄鳝的生长

生长速度就是黄鳝的个体在它的生命过程中体长和体重的增长情况，黄鳝的生长速度受品种、年龄、营养、健康和生态条件等多种因素影响。黄鳝的生长速度在自然条件下和人工养殖条件下表现明显不同，具有显著的差异性。总的情况是，野生黄鳝在自然条件下的生长是非常缓慢的，而人工养殖的黄鳝生长速度要快的多。

根据相关专家的资料介绍，在自然条件下，黄鳝生长速度与环境中饵料丰欠相关，一般生活于池塘、沟渠的黄鳝生长速度快一些，丰满度高，而栖息于田间的黄鳝则生长速度较慢。5～6月份孵化出的小鳝苗，长到年底冬眠时，它的个体体重平均为5～10克；到第二年底个体体重平均为10～20克；到第三年底个体体重平均为50～100克；到第四年底个体体重平均为100～200克；到第五年底个体体重平均为200～300克；到第六年底个体体重平均为250～350克；六年以上的黄鳝生长更加缓慢，已经处于年老状态。

在人工养殖条件下，由于环境优越、饵料充足、管理到位，采用优良的品种并配以科学的饲喂方法，并在有效地驯养和全价的饵料投喂情况下，5～6月份孵化的鳝苗养到年底，单尾个体体重平均可达 60 克，能够达到市场收购的标准，完全实现当年养殖当年上市，若第二年继续养殖，则个体体重可达 150～250 克，第三年可达350 克左右，400 克以上生长缓慢。

## 8. 黄鳝对环境的要求

溶解氧：黄鳝生活在水中，对水里的溶解氧还是比较敏感的，尤其是对水体的上下层间的温差反应更加敏感。另一方面，黄鳝自身也有耐低氧的能力，它的辅助呼吸器官很发达，当水底短时间内缺氧时，它常常会将头部用力伸出水面，利用肠呼吸，直接利用空气中的氧气，可以暂时缓解缺氧所带来的危害，因此在养殖时我们会有"黄鳝很耐低氧，不会缺氧死亡"的误解，对氧气供应掉以轻心，这是不对的，虽然养殖水体内短时间的缺氧一般不会导致黄鳝的泛塘，但是一旦缺氧时间过长，轻则影响它的生长，尤其是性腺发育会停滞，重则导致黄鳝直接死亡。

硫化氢：硫化氢是有毒气体，在水质恶化时它会大量产生，直接毒杀黄鳝，造成死亡，因此在人工养殖时，一定要在放养鳝种前对池塘进行清淤、暴晒处理，同时在养殖过程中要适时增加水体溶解氧，减少硫化氢产生的机会。

氨：水体中的氨主要是由于氧气不足时含氨有机物分解而产生，或者是由于氮化合物被反硝化细菌还原而产生，黄鳝对水体中的氨是比较敏感的，当水体中的氨达到一定浓度时，会中毒而死。

水温：黄鳝是变温动物，对水温的反应非常敏感，水温不但影响黄鳝的摄食，而且还直接影响它的生长发育，因此在养殖过程中，要加强对养殖环境中的温度调节与控制，具体的方法和要点在本书的相关章节会有讲述。

pH：黄鳝在 pH 为 6.5～7.2，生长良好，这是因为它喜欢栖息在松软多腐殖质的地方，中性略偏酸性的水体比较适宜它。

## 9. 黄鳝的运动

黄鳝的各鳍条基本退化，因此它的游泳能力是非常弱的，为了达到捕食和逃避敌害的目的，它还是需要运动的。黄鳝的运动是以爬行为主，只有在极少数情况下，才能做短距离的游泳，爬行时，黄鳝利用脊椎和腹部肌肉的共同作用，身体呈"S"形扭动，在扭动的过程中推动身体向前行，此时尾部会全力配合，不断地摇动尾巴，以平衡身体。

黄鳝在爬行过程中，它的体表会不断地分泌大量黏液，以减少身体与泥面或地面的摩擦，达到快速前进的目的，因此在人工养殖时一定要注意保护黄鳝体表的黏液。

## 10. 体滑善逃

黄鳝的身体润滑，逃逸能力非常强，春夏季节雨水较多，当池水涨满或池壁被水冲出缝隙或出现漏洞时，黄鳝会在一夜之间全部逃光，尤其是在水位上涨时会从黄鳝池的进、出水口逃走。黄鳝在逃跑时，头向上沿水浅处迅速流动或整个身体急速窜出，如果周围有砖墙或水泥块时，它会用尾巴向上紧紧钩住，然后快速跃起而逃走，黄鳝的逃跑习性往往是造成养殖者失败的主要原因之一，因此，养殖黄鳝时一定要提高警惕，务必加强防逃管理，特别是下雨时，要加强巡池，检查进出水口防逃设施是否有堵塞现象，是否完好，进、出水口一定要有防逃设备。平时当水位达到一定高度时，要及时排水，防止池水溢出，造成黄鳝逃逸。另外在换水时也要做好进出水口的防逃措施。

# 第二章　黄鳝的繁殖

近年来，黄鳝供不应求的现象仍然存在，野生黄鳝的供求远达不到市场的需求，所以人工养殖黄鳝便兴盛起来。但与之相配套的黄鳝繁殖及苗种供应却远远没有跟上，这是因为黄鳝的人工繁殖，目前在国内外都还是一个没有完全攻克的难关。国内人工养殖黄鳝，并不像四大家鱼人工繁殖那样得到全国推广，究其原因就是它的技术并没有完全被掌握，目前常见的且有效果的繁殖技术一般是从黄鳝的自然产卵巢里采集天然受精卵，进行人工孵化，或模拟野外自然产卵环境，捕获性成熟的亲鳝在养殖池中进行人工采卵和人工授精，然后进行人工孵化或自然孵化。

虽然目前黄鳝规模繁殖技术尚未完全成熟，但一般的养殖户进行庭院养鳝或小面积养殖黄鳝时，只要掌握黄鳝人工繁殖技术，还是可以实现苗种的自我供应，降低养殖成本和风险。

## 第一节　黄鳝的繁殖特性

黄鳝虽然也是鱼，但是它的繁殖习性却与一般的鱼有着显著的区别。

## 一、黄鳝的成熟情况

黄鳝两年性成熟，它的生殖季节较长，总的来说它的产卵季节为每年的4～8月份，黄鳝的产卵从每年5月中下旬开始，6月上旬为产卵盛期，8月上旬结束，产卵盛期在5～6月份。但是不同的水域，它的具体生殖季节和产卵盛期也有一点差异，例如黄河以北的水域，黄鳝的生殖季节是6～9月份，繁殖盛期7～8月份；在长江水域，生殖季节是5～8月份，其中6月是繁殖高峰期；在珠江水域，生殖季节4～7月份，繁殖盛期是5～6月份。这个时期也是相应的，具体的时间也会随着气温的高低变化而提前或推迟。产卵的个体，前期以较大型的为主，而在8月上旬产卵的个体，体重多在50克以下。

## 二、黄鳝的怀卵量

### 1. 不同体长和地区的怀卵量

就个体来说，一般全长在20厘米左右的个体即可达到性成熟，不同体长的黄鳝怀卵量不同，个体长的黄鳝怀卵量明显大于个体短的黄鳝。例如体长为20厘米的黄鳝，它的怀卵量约为200～400粒，全长50厘米左右的个体，怀卵量约500～1000粒。怀卵量除了与黄鳝的体长有关系外，还与它们生长地区有密切关系，研究表明，不同地区的黄鳝，由于生长环境不同，怀卵量也不同。

以长江水域的黄鳝为例：30 克体重怀卵量为 250～500粒；50 克体重怀卵量为 500～1200 粒。

## 2. 产卵时间与水位变化的关系

另外黄鳝的繁殖习性与水位也有一定关系，主要表现在它开始产卵的时间和盛期与黄鳝栖息环境的水位变化有关系，如遇枯水年份，则其产卵和产卵盛期都会推迟，等到水位上涨时才会繁殖。

## 三、自然性比与配偶构成

黄鳝生殖群体在整个生殖时期是雌多于雄。7 月份之前雌鳝占多数，其中 2 月份雌鳝占 91.3％以上，8 月份雌鳝逐渐减少到 38.3％，因为 8 月份之后雌鳝产过卵性腺逐渐逆转。9～12 月份当年的幼鳝长大成熟，雌雄鳝约各占 50％。秋冬季人们捕获时，捉大留小，因此，开春后，仍是雌鳝占多数。黄鳝的繁殖，多数属于子代与亲代配对，也有与前两代雄鳝配对。

## 四、占巢习性

与其他许多肉食性鱼类一样，黄鳝在产卵前具有占区筑巢的特性。一旦即将产卵的黄鳝确定了自己的产卵区域，在一定的范围内，它将会禁止其他黄鳝进入，一旦发现有入侵者，就会发生打斗。若该鳝不能绝对保卫其产卵区域的安全，则会重新选择产卵区域。若即将产卵的黄鳝几经选择，均无法寻找到它认为安全的产卵区，

— 11 —

那么，它将会不产卵而随着产卵季节的结束而将卵粒慢慢地吸收掉，这种未能产卵的黄鳝会在第二年像其他产过卵的黄鳝一样，逐渐转化成为雄鳝。为了使黄鳝能够在繁殖季节到来时，能够很容易地找到自己的安全产卵区，尽量多让黄鳝产卵，因而在自然繁殖或半人工繁殖时，每平方米鳝池所投放的种鳝不要超出 10 条。

## 五、繁殖的环境条件

黄鳝每年一般繁殖 1 次，也有产两次的，第一次产卵后约两个月后产第二次卵，黄鳝的产卵周期较长。繁殖季节到来之前，亲鳝先打繁殖洞。一般打在田埂边，洞口通常开于田埂的隐蔽处，洞口下缘 2/3 浸于水中，分前洞和后洞，前洞产卵，洞长 10 厘米处比较宽阔，上下高约 5 厘米左右，宽约 10 厘米，后洞则细长。在产卵前，雌雄亲鳝会在洞口吐出泡沫巢。

## 六、筑巢产卵

性成熟的雌鳝腹部膨大，体橘红色（也有灰黄色），并有一条红色横线。黄鳝在产卵前，雌、雄亲鳝先钻洞吐泡沫筑巢，泡沫位于洞口的上方，积聚成巢，然后雌鳝将卵排出，积聚成团的卵并不产于泡沫中，而是产在巢上或洞口附近的草根上面或挺水植物、乱石块间，卵分批产出，雄鳝在卵上排精，受精卵和泡沫一起漂浮在洞口上面进行孵化发育，故受精卵在水面的泡沫中孵化，若泡沫被毁坏，卵即下沉。成熟的受精卵黄色或橘黄色，

半透明，比重较水大，无黏性，卵径（吸水后）一般为
2～4毫米，吸水膨胀后可扩大到4.5毫米左右。

　　亲鳝吐泡沫作巢估计有两个作用：一是使受精卵不
易被敌害发觉；二是使受精卵托浮于水面，而水面则一
般溶氧高、水温高，有利于提高孵化率。

## 七、鳝卵的孵化

　　黄鳝受精卵的孵化期较长，从受精到孵出仔鳝一般
在28～30℃左右水温中需要5～7天，25℃左右水温中需
要9～11天，最适温度为21～28℃。自然界中黄鳝的受
精率和孵化率为95%～100%。刚出膜的幼鳝，全长13
毫米左右，此时具有胸鳍，鳍上布满血管。胸鳍经常不
停地扇动，是幼鱼期间的重要辅助呼吸器官。当全长达
到30毫米以上时，胸鳍即逐渐退化，最后消失。

　　在产卵孵化过程中，亲鳝特别是雄亲鳝有护卵的习
性，一般要守护到鳝苗的卵黄囊消失、能自由觅食为止，
当亲鳝感到周围有危险时，它们会张开嘴，将小黄鳝纳
入口中进行保护，等危险过去后，再将小黄鳝放出来进
行活动，这种护幼行为对提高幼鳝的成活率是大有好
处的。

## 八、特殊的性逆转现象

　　黄鳝在生物学上有奇特的性逆转现象。从胚胎期到
性成熟，都是雌性，产卵以后卵巢逐渐变成精巢。区别
黄鳝的性别可从体长判断：黄鳝体长在22厘米以下的全

为雌性；体长在 22 厘米左右时，开始性逆转，也就是说雌鳝在产卵以后，它的卵巢逐渐变成精巢；体长在 20～35 厘米时大部分为雌性，少部分已经转化为雄性；体长 36～43 厘米时，雌雄个数几乎相等；成长至 45 厘米以上的个体全为雄性。黄鳝只能从雌性转变为雄性，而不能从雄性再转化成雌性。

　　黄鳝还有一种性逆转的现象，就是在繁殖季节到来时，若同批黄鳝群体里都是雌性，却没有雄鳝存在的情况下，此时同批黄鳝中就有少部分雌鳝主动"献身"，逆转为雄鳝后，再与同批雌性鳝繁殖后代，这是黄鳝有别于其他动物的特殊之处。

# 第二节　亲鳝的培育

　　亲鳝培育是黄鳝人工繁殖的基础，没有成熟完全的亲鳝供应，那么是无法进行人工繁殖的。从技术角度来说，亲鳝的培育主要是对参与繁殖的雌、雄个体进行人工喂养，利用专门培育池进行培育和照顾，使它们的性腺达到成熟，然后顺利进入催产阶段，并为后面的孵化提供保证。因此亲鳝培育的程度，将直接影响着黄鳝的受精、孵化和出苗等方面的效果。目前，亲鳝的培育多采用专池单养、强化饲养管理等方法。

## 一、亲鳝培育池的准备

　　按照科学的方法建造亲鳝培育池，不仅是给黄鳝修建一个理想的"婚房"，更是为了方便我们的日常管理。

## 1. 亲鳝池的选择

亲鳝培养池直接关系到黄鳝亲本的培育情况，因此它的选择和处理对于黄鳝的繁殖来说是至关重要的。根据生产实践表明，黄鳝亲鳝培育池应选择在通风、透光和环境安静的地方，同时要求这个地方靠近新鲜水源，例如河沟、湖泊等天然流动水体，这样可以满足亲鳝培育用水的需求。当然对于良好的水源来说，还要有排灌方便的优势。亲鳝池最好是水泥池，也可以用土池。池的面积应根据繁殖规模来确定，面积不宜太大，一般为10～20平方米，深约70～100厘米，水深15～20厘米，池底用黄土、沙子和石灰混合物夯实后，铺以较松软的有机土层30厘米左右。亲鳝池要栽植水葫芦、水花生等部分水生植物或喜湿的陆草，水泥池围墙高出水面60～70厘米。在培育池内再建一个多孔圆形或菱形幼鳝保护池，孔洞用小网目铁丝网与繁殖池隔开，水可自由流通，幼鳝可从网目中进入保护池内，而雌雄亲鳝不能入内，达到保护幼鳝的目的。

## 2. 亲鳝池的清整

亲鳝池除新建的以外，应当每年在亲鳝放养前对鳝池进行清整，这在亲鳝培育中是一件十分重要的工作。清整方法是先排干池水，挖出过多的淤泥，清除过多的杂草，排除陈水。如果池底有机质过多，可泼洒少量生石灰水，保持池底有一定的起伏，不要过于平坦。还要维修进、排水系统和防逃设施。在繁殖池内模仿稻田产卵环境条件，到了产卵繁殖季节，使亲鳝在其自然产卵环境中筑巢产卵，并巧妙地做一些幼苗收集设置。

## 二、雌、雄亲鳝的鉴别

黄鳝具有性逆转性，它们在初期是雌性的，到了后期就会转变为雄性。所以，对黄鳝进行准确的雌雄识别时，一般均需在繁殖季节到来之前。有经验的养殖人员也可利用其个体差别、年龄、生长周期、外形等方面进行较为准确的推断。

### 1. 从个体大小来鉴别

由于黄鳝有性逆转特性，故以个体大小就可以区分雌雄，准确度也并不是太高。据观察与研究，一般野生黄鳝在体长 22 厘米以下时都是雌性；全长 22～30 厘米的个体，雄性占 5.2%；全长 30～36 厘米的个体，雄性占 41.3%；全长 36～42 厘米的个体，雄性占 90.7%；体长 45 厘米以上的黄鳝都是雄的。虽然这种方法来鉴别具有方便简单的优点，适合野生条件下的黄鳝，但是在人工养殖的黄鳝群体中并不适用。这是因为由于人工饲养时，提供的营养供应充足且品种有异，常常会出现一些性别与体长有出入的情况，故不能依靠以上标准来做主要判断，只能是做个大致的判定。

## 2. 以年龄来做基本判定

根据黄鳝的生长发育特点和性腺发育的特殊性，一般两年龄以内的都是雌鳝，3 年以上的一般都是雄鳝。

## 3. 从生长周期推断黄鳝雌雄

在黄鳝的发育初期，仔苗全为雌性；体长 22 厘米时，开始性逆转，为雌雄同体；雌鳝产了卵后变为雄性。

## 4. 从形态和色泽两方面来加以鉴别

尤其是在繁殖季节，黄鳝均会显现出较易识别的性别特征。雌鳝头部细小，不隆起，背部是青褐色，没有斑纹花点，腹部膨胀透明。性成熟的个体，腹部呈淡橘红色，并有一条紫红色横条纹，腹部肌肉较薄。繁殖时节用手握住雌鳝，将腹部朝上，能看见肛门前面肿胀，稍微有点透明且呈粉红色，体外可见卵粒轮廓，用手轻摸柔软而有弹性，生殖孔红肿。另外雌鳝不善于跳跃逃逸，性情较温和。雄鳝头部相对较大，隆起明显，体背可见许多豹皮状色素斑点，腹部呈土黄色，个体大的呈橘红色，腹部朝上，无明显膨胀，腹面有网状斑纹分布，生殖孔红肿，稍突出，用手挤压腹部能挤出少量透明状精液。

## 三、亲鳝的选择

### 1. 亲鳝的来源

亲鳝来源途径主要有市场上采购、野外捕捉、也可直接从黄鳝养殖池中挑选或采取人工专门培育的种苗。无论怎样途径获得，都要在产前进行一段时间的强化培育。

### 2. 亲鳝的质量鉴别

为了确保黄鳝的繁殖能取得最好效果，在挑选亲鳝时最好要严格进行，以取得最好的收益。

一是养殖者应尽量选择生长较快的体色为深黄或浅黄色的大斑鳝等优良品种为宜。二是在成熟度上选择已达到或接近性成熟的黄鳝，以腹部明显膨大，柔软富有弹性，肛门微红或不红者为母本；以腹部紧缩，尾部细瘦，体长明显大于母本者为父本。三是亲鳝要求种苗体质健康、体表光滑不带伤痕、游泳迅速、体形肥大、色泽鲜亮、体色呈深黄色、黄褐色为佳，凡肛门红肿或外翻都不能采用。四是亲鳝的来源要选择好，最好是从当地收购的笼捕、草堆诱捕或网捕的黄鳝中进行选择，对电捕、药捕等可能影响体质的黄鳝一概不能用来作为亲鳝培育。五是一般雌鳝选择体长 20～30 厘米、体重 100～200 克的个体为好；雄鳝应选择体长 50 厘米以上、体重 200～500 克的个体为好。

### 3. 雌雄配比

一般情况下，黄鳝在繁殖季节中，雌雄比例为（2～3）∶1，若是自然受精时，则要求雄多雌少，若人工授精，则雄少雌多。也有人根据雌雄亲鳝的体重来决定性别配比范围，当雄鳝体重大于雌鳝体重时，为一雄多雌，一般为1雄2雌或3雌；当雄鳝与雌鳝体重相近时，为1雄1雌；当雄鳝体重小于雌鳝时，为1雌多雄。当然适当增加雄性鳝的数量，可以刺激雌鳝产卵效果，可获得较高的产卵率及受精率。

## 四、亲鳝的放养

### 1. 放养时间

根据黄鳝的繁殖习性及亲鳝的培育要求，每年的三月上旬至四月中旬都是投放亲本的最好时机，这样就能确保亲鳝在产前能强化培育1～2个月。

### 2. 放养量

在专用的培育池里每平方米放养成熟良好的雌鳝8～10尾，体长为20～30厘米，同时放入体长50厘米以上的成熟良好的雄鳝3～4尾，雄鳝越大越好，颜色以黄褐色或青灰色为宜。在实际生产中，亲鳝往往是分期、分批进行投放。另外，可在亲鳝池中放养部分小泥鳅，以清除池中过多的有机质，改善水质，并在饲料供应不足时，为亲鳝提供活饵。有人提出，亲鳝的培育以雌、雄分池饲养为好，便于检查成熟程度。

### 3. 放养技巧

如果是在自己养殖的池塘里选择好亲鳝进行放养时，就要方便得多，成活率也高得多，就是在操作时一要注意小心操作，不要损伤黄鳝的皮肤，也不要让黄鳝体表的黏液过度失去；二是在鳝种入池时要用3％～5％的食盐水溶液浸泡鳝体10分钟左右。

如果是从外地购进的鳝种，由于是刚从外地运输回来的，在运达培育池后，应及时解开包装，用温度计测量其水温，并与欲投放的池水温度相比较，如果两者的温差小于3℃，则经过消毒处理后可直接投放；若温差大于或等于3℃，则应将它们倒入塑料盆、桶内、漂浮于池面让其传热，直至水温相近才投放。有时为了方便起见，也可将装黄鳝的尼龙袋连同黄鳝和里面的水直接放在池子的水面上，要注意的是不要解开袋口，先将一侧放在水中10分钟，然后将袋子翻个身，再放在水里10分钟，然后解开口袋，经消毒处理后放入培育池里。

### 五、亲鳝的培育

人工繁殖的成败，关键在于亲鳝的培育。因此，亲鳝应精心培育，严格管理。

## 1. 对培育池进行消毒

在放亲鳝前 10～15 天,用药物对亲鳝培育池进行清池,从而杀灭病菌、寄生虫和野杂鱼类,通常用的药物有生石灰、漂白粉、茶枯等,其中以生石灰消毒效果最好,它除了杀菌灭害之外,还可以改善底质,调节 pH值,有利于亲鳝和天然饵料生物的生长发育的作用。生石灰用量为:水深 5～10 厘米,每平方米 60～110 克,化水后趁热全池泼洒,第二天用带木条的手耙子,把池泥和石灰乳剂搅合一遍,以充分发挥生石灰的作用。清池后,相隔 1～2 天就可注入新水。

## 2. 科学投喂

亲鳝在催产前需精心培育,使性腺达到成熟,能完成繁殖活动。由于培育好的亲鳝是为了繁殖所用,因此种鳝也不宜养得过肥,以免影响其正常的繁殖。投饵是以活食为主,如蚯蚓、蝇蛆、黄粉虫、动物内脏、小鱼、小虾、螺蛳、河蚌肉和蚕蛹等,做到定点(食台)、定时、定质、定量投喂,尤其是 5～7 月份黄鳝繁殖季节,可喂以蚯蚓等优质饲料,日常投饵量视天气和黄鳝吃食情况而定,以保证亲鳝吃好、吃饱为原则。一般日投食量为黄鳝体重的 2.5%～8%。保证饲料蛋白质含量高,以促进性腺发育,为了增加黄鳝体内的维生素等营养物质,也可投喂一些麦芽、饼粕和豆腐渣等植物性蛋白饲料,尽量使饲料多样化,以免因营养不足而影响繁殖。

要注意的是当黄鳝集体产卵到来之前，应停喂一天。

## 3. 水质监控

水质管理也是亲鳝培育中的一条重要措施，尤其是保持水温相对稳定很重要。

根据投放的亲鳝的批次的不同，亲鳝的产前培育期以4～7月份为主。亲鳝培育池水深保持20～30厘米，经常加注新水，4～5月份，一般每周换水1次；6～7月份，一般每周换水2～3次，每次换水量为池水总量的1/3左右。当然，对换水应灵活掌握，当池水水质浑浊、有异味、黄鳝摄食量减少时，应随时排出老水，注入新鲜清洁的新水，保持良好水质，以防亲鳝受病菌感染。总的来说，是要亲鳝培育池保持水质的"肥、活、嫩、爽"的优质状态。另外在培育池中放一些水生植物，如水浮莲、凤眼莲等，可起遮阴和保护作用。

还有一点也是亲鳝培育过程中不能忘记的，就是不管在哪个月份，在亲鳝临近产卵前10～15天应增加冲水次数，目的是通过水流作用来刺激亲鳝性腺的快速发育，可每天冲水1次，冲水时间不宜过长，以防亲鳝逆水溯游而消耗过多体力，减少体内营养的储备。

## 4. 日常管理

首先是坚持早、晚巡池，亲鳝在培育过程中一定要养成坚持每天早、晚巡池的好习惯，特别是临近产卵或遇天气变化时更要加强巡池次数，夜间也应巡池。巡池的目的，是通过观察亲鳝的摄食、活动情况，观察天气变化和水质变化情况，以便及时发现问题，尽快采取对策。

其次是做好防止亲鳝逃窜的措施，由于亲鳝个体大，逃跑能力强，晚上出洞觅食很容易从破裂的围墙洞穴或进、排水管道中逃出。为此，平常要注意观察，发现漏洞，及时填补。暴雨后，鳝池水位上涨，使防逃墙相对变矮，有时黄鳝也能从墙上逃走，对此要提高警惕。

再次就是做好鳝病的防治工作，亲鳝培育是从春季中期开始的，这时也正是水霉菌传播的最好温度条件，因此黄鳝也容易感染水霉病，而到了夏季，由于高温季节和水质易受污染的双重作用下，黄鳝容易出现细菌性传染病。因此要做好疾病的防治工作，减少疾病对亲鳝所造成的损失。防治措施一是平时应定期消毒池水和工具，二是有针对性地捉喂药饵，三是在发病时应隔离病鳝，及时治疗。

## 第三节　黄鳝的繁殖

### 一、黄鳝繁殖的种类

黄鳝繁殖可分为两类，一类是全人工繁殖，另一类就是半人工繁殖。

所谓的全人工繁殖，就是在选择黄鳝的亲本后，经过培育、注射催产剂、人工产卵、人工孵化等过程，从而获得幼苗的过程，这个全过程都是在人为调控的条件下进行的，所以叫做全人工繁殖。

而半人工繁殖法是另一种行之有效的繁殖方法，它的繁殖过程同全人工繁殖法相似。只是注射催产剂后，让其自然产卵、受精、孵化，然后捕出仔鳝，单独培育。这种方法，一般养殖户均能掌握。

## 二、催产和催产剂的使用

选择性成熟度好的亲鳝是催产成败的关键。尽管成熟的黄鳝在亲鳝池能自然配对繁殖，但由于产卵不集中，不能达到规模生产的要求。故在繁殖季节里，要对亲鳝进行人工催情和催产，以使精集和卵巢在人工控制条件下进入繁殖环境，顺利产卵和孵苗。因此催产技术的应用和催产剂的科学使用就显得非常重要了。

### 1. 催产季节

虽然不同的水域里，黄鳝的繁殖季节有一定的差异，但是在自然环境里黄鳝的繁殖季节，总的来说还是在5～8月份，繁殖盛期是6～7月份。而在人工养殖条件下，由于营养水平的提高，保温设施的介入，因此可以让黄鳝的繁殖季节略有提早。尤其是当水温稳定在20℃以上时，亲鳝已经完全摄食了，经过流水冲刺后，亲鳝池就有少数个体开始掘繁殖洞进行配对，此时，就可以进行人工催产了。因此适宜的催产时间通常是5月底或6月上旬，南方地区要更早一些，北方地区则相应推迟一点。

## 2. 催产激素

常规鱼类催产用的三种激素均可应用于黄鳝催产，它们是绒毛膜促性腺激素（HCG，简称绒毛膜激素）、鲤科鱼类脑垂体（PG）、促黄体生成素释放激素类似物（LRH-A），简称促黄体类似物。研究认为，黄鳝对以上三种激素的敏感性要低于鲤科类。LRH-A 为化学合成的生物试剂，具有易溶于水、使用方便、安全保险和一次性注射效果好等特点。因此，在实际中用得较多，另外 HCG 也比较适合作黄鳝的催产剂，只是效果要比 LRH-A 略差一点。

## 3. 激素用量

亲鳝使用的催产剂可以选用促黄体生成素释放激素类似物（LRH-A），或绒毛膜促性腺激素（HCG），以使用 LRH-A 为主，其注射用量依据水温、亲鳝的性腺成熟程度和黄鳝个体大小而有增减。

雌鳝：体重 20～50 克时，每尾 1 次性注射用量 5～10 微克；体重 25～150 克时，1 次性注射用量 10～15 微克；体重 150～250 克时，1 次性注射用量 15～30 微克。

雄鳝：雄鳝在雌鳝注射后 24 小时再注射，体重 120～300 克时，1 次性注射用量 15～20 微克；体重 300～500 克时，1 次性注射用量 20～30 微克。

如果用绒毛膜促性腺激素（HCG），体重为 15～50 克的雌鳝，每尾用药 500～1 000 国际单位，一次注射。

如果雌鳝较大，可适量增加。雌鳝注射 24 小时后，雄鳝减半注射。

如果采用鲤、鲫脑垂体，15～50 克的雌鳝，每尾注射 2～4 毫克，一次注射。雌鳝注射 24 小时后，雄鳝减半注射。

当然了，如果两种或三种催情剂混合使用，应根据情况，适当配比。

## 4. 药液配制

鲤、鲫的脑垂体、LRH-A 和 HCG 三种催情剂都要用 0.6% 的氯化钠溶液溶解或制成悬浊液，注射量稀释后的药量控制在每尾黄鳝 1 毫升左右。配制药液时，要准确计算，使药液浓度适宜，若浓度过大，注射时稍有损失，就会造成催情剂用量不足；若浓度过稀，大量的水分进入鳝体，对亲体不利。LRH-A 和 HCG 这两种催产剂配制药剂时按产品包装标明的剂量换算，用生理盐水稀释溶解，达所需浓度。鲤鱼脑垂体按所需的剂量称出，放入干燥洁净的研钵中干研成粉末。再加入几滴生理盐水研成糊状，充分研碎后，加入相应的生理盐水，配成所需浓度的悬浮液。

## 5. 注射方法

每尾亲鳝注射的催产剂液量为 1 毫升。注射方法有肌内注射和体腔注射两种，生产中以后者为多。操作时，由一人将选好的亲鳝用干毛巾或纱布包住鳝体，防止其滑动，亦可用麻醉法，即用百万分之二的丁卡因或利多卡因或 0.15％敌百虫麻醉 2 分钟。保持亲鳝的腹部朝上，另一个人进行腹部注射，注射部位为腹腔或胸腔。针头用塑料胶管或胶布缠绕，外露 3～5 毫米，要煮沸消毒后使用。宜用 2～5 毫升的金属连续注射器。注射时，进针方向与亲鳝前腹成 45°锐角左右，针头先刺进胸部皮肤及肌肉，在肌肉内平行前移约 0.5 厘米，然后插入胸腔注射，注射垂直深度为 0.2～0.3 厘米，不要超过 0.5 厘米。由于对雌、雄亲鳝的效应不同，雌鳝产生药效比雄鳝慢，因此在实际操作时，雄鳝的注射时间须比雌鳝推迟 24 小时左右，用量 0.5 毫升，注射时间在中午到下午 1 时为好，注意避开强光。注射好的雌、雄亲鳝放入网箱或水族箱中暂养，雌、雄要分开，水深保持 30～40 厘米，每天换水一次，注意经常注入新水，约 1/2 水量，暂养 40～50 小时后，即可观察亲鳝的成熟及发情情况。

## 6. 效应时间

亲鳝在注射催产剂后，效应时间为 2～4 天。效应时间与催产剂量没有关系，但与注射次数及当时的水温有密切关系。多采用腹腔注射，效果较好。

由于亲鳝的大小和成熟度不一致，同批注射的亲鳝，其效应时间长短差别很大，因此要持续不断检查。在水温 25℃左右时，注射 40 小时后每隔 3 小时检查一次。要检查到注射后 80 小时左右。检查的方法是：捉住亲鳝，用手触摸其腹部，并由前向后移动，如感到鳝卵已经游离，则表明开始排卵，应立即进行人工授精。

## 三、自然产卵

给黄鳝注射激素后，可让其自然产卵，也可进行人工授精。

自然产卵就是在进行人工注射激素催产后，将注射后的亲鳝放入产卵池，不久，雌、雄鳝便掘繁殖洞配对，待金黄色卵子产出后，立即将受精卵捞入孵化池（器）孵化，这种产卵的特点是对鳝体伤害较小，卵子受精率高，但需要较大的产卵池和较多的雄鳝。

## 四、人工授精

人工授精就是借助人工的力量，将黄鳝的卵子和精子进行结合的过程，这种授精的优点是不需要专门安排产卵池，繁殖用的雄鳝也少，这对于节省生产资金是大有好处的，但人工授精也有自身的缺点，就是由于人工操作，可能会对鳝体造成较大的伤害，另外就是卵子受精率低。

在人工授精前，先将检查并达到良好发育的雄鳝准备好，放在水族箱或网箱中待用。将开始排卵的雌鳝取出，用干毛巾裹住，使其腹部外露，操作员一手利用干毛巾来抓住黄鳝的前部，另一手由前向后挤压雌鳝腹部，部分亲鳝即可顺利挤出卵，但也有部分亲鳝会出现泄殖腔堵塞现象，此时可用小剪刀在泄殖腔处向内前开 0.5～1 厘米，然后再将卵挤出，连续 3～5 次，挤空为止。卵放入预先消毒过的干玻璃缸或瓷盆等容器中，容器的内面一定要光滑。与此同时，快速将准备好的雄鳝杀死剖腹，取出精巢，用干毛巾擦净血迹，取一小部分精液放在400倍以上的显微镜下观察，如精子活动正常，即可用剪刀把精巢迅速剪成碎片，放入盛有卵的盆中。然后用羽毛轻轻搅拌，边搅拌边加入生理盐水，以能盖住卵为度，充分搅匀后，放置3～5分钟，再加清水洗去、吸出精巢碎片、血污、破卵、浑浊状的卵，将受精卵移入孵化场所孵化，这个全过程就完成了黄鳝的人工授精。

## 五、受精卵的质量

成熟的卵子吸水后膨胀成圆形，卵膜和卵之间有明显的卵间隙，卵黄与卵膜界线清楚，卵黄集中于底部，吸水40分钟后，胚胎清晰可见。成熟不好的卵，吸水后不呈圆形，弹性也小得多，卵黄和卵膜界线不清，卵内往往有不透明的雾状物，以上这些指标只能用于鉴别卵子的成熟度和质量，不能用于辨别卵子受精与否。因为成熟得好而未受精的卵子同样吸水性好，弹性大，能够进行细胞分裂形成胚盘，但胚胎发育至原肠期因无生命力就逐渐发白死去。所以，辨别受精与否需要胚胎发育至原肠期，水温25℃时，约在受精后20小时左右才能做出判断。

## 六、胚胎发育

黄鳝受精卵的胚胎大约要经过卵（受精卵）期、卵

裂期、囊胚期、原肠期、神经胚期、器官发生期、孵化
期和仔鳝期等多个发育阶段。

## 七、人工孵化

由于鳝卵的比重大于水，因此，人工孵化时，可根
据产卵数量选用玻璃、瓷盆、水族箱、小型网箱等，把
卵摊开、平放。通常黄鳝受精卵进行人工孵化时可以采
用多种孵化方式，但最常用的还是滴水孵化方式。

### 1. 静水孵化

静水孵化就是水位相对静止的状态下进行孵化，由
于孵化器是一个封闭型容器，所以要注意经常换水，确
保水质清新，溶氧充足，换水时水温差不要超过3℃，每
次换水 1/3～1/2，每天换水 2～3 次。在受精卵的胚胎发
育过程中，越到后期，耗氧量越大，需增加换水次数
（每天换水 4～6 次）。

静水孵化时的水位控制在 10～15 厘米，水温控制在
25～30℃。静水孵化只要管理得当，均能孵出一定的鳝
苗。水温 22℃ 时受精卵经 330 小时（约 13.5 个昼夜）
后，仔鳝破膜而出。此时的仔鳝长约 12～20 毫米，卵黄
囊很大，直径约 3 毫米左右。仔鳝不会游泳，只能侧卧
在水底，受到刺激后会做出挣扎的反应。

### 2. 流水孵化

于木筐架中铺平筛网，浮于水面上。首先把鳝卵放

入清水中漂洗干净。拣出杂质、污物。然后把卵放在筛网上均匀铺薄薄一层卵，筛网浮于水泥池中的水面上，即可孵化。将鳝卵的 1/3 表面露出水面。并保持微流水，水泥池一边进水，一边溢水。在孵化期间要注意观察胚胎发育情况，及时拣出死卵，冲洗掉碎卵膜等。技术得当，水温在 20～30℃，经过 5～8 天即可出膜。底铺的细沙可防水霉病，还可帮助胚体快速出膜。因为正常的胚胎在出膜前不停转动，活动剧烈，与细沙产生摩擦而加速卵膜破裂，使之早出膜。出膜的幼苗放入大瓷盆，水簇箱及小水泥池中饲养，水深 3～5 厘米，每天换水 1/3，至卵黄囊吸收完毕后即可放入幼苗培育池中。

### 3. 孵化筛孵化

将装有卵巢的孵化筛浮放在水面，浸水深 7 厘米即可。控制浸水深度方法：筛框的四角吊有铁丝或绳索，也可在筛框底部向上 7 厘米处的外缘用泡沫板夹在木板中再钉一层薄板，然后放置小石头调控浸水深度。优点：脱落的卵粒不会沉底死亡，孵出的小苗在木框中易观察好掌握。当脱膜苗卵黄囊吸收散群时，还可做暂养箱，投饵喂饲几天再转出，适宜规模化孵化及培育苗种。孵化筛应放在注有流水的水槽或盆中，也可放置静水面稍大的水泥池或池塘边孵化。

### 4. 孵化管理

黄鳝受精卵的孵化率受多种环境因素影响，其中主要是水温、溶氧、水质和敌害生物。

一是水温要适宜且稳定，不能波动太大。黄鳝的胚胎发育与水温的关系极为密切。主要表现在三个方面，第一，胚胎发育必须在适宜的水温下进行，过高过低，都会引起孵化率下降或胚胎畸形。研究表明，黄鳝胚胎发育的适宜水温是 21～28℃，最佳水温 24～26℃；第二，在适宜的水温范围内，水温差过大或过快也会引起胚胎畸形或死亡，通常要求短时间内温差变化不要超过 3℃，最好不超过 1℃；第三，黄鳝胚胎发育时间的长短直接受水温影响，在水温 30℃ 左右（28～36℃），胚胎发育需 5～7 天，在水温 25℃ 左右，胚胎发育需 9～11 天。

二是孵化容器里的溶解氧将直接决定受精卵的孵化效果。水中溶氧过低会引起发育迟缓、停滞，甚至窒息死亡。因此，在孵化过程中，孵化用水的含氧量应接近或达到水溶氧的饱和度。

三是保持优质的水质条件，孵化用水的 pH 值以中性为好，实践表明，清新的水质对提高孵化率有很大作用，绝不能用农药或工业污染的水作孵化用水，最好建蓄水池或安排专池提供孵化用水，且引用前要过滤以防敌害生物和污物进入，影响孵化率的提高。

四是防止敌害生物的侵袭，在人工繁殖条件下，较大的敌害生物易被清除（如蝌蚪、小鱼和小虾等），但体型较小的剑水蚤等却容易被忽视。事实上，剑水蚤对鳝卵和仔鳝形成有较大威胁，它们能用附肢刺破卵膜或咬伤鳝苗,进而吮吸鳝卵、鳝苗为营养,受害的鳝卵或鳝苗很快死亡。对剑水蚤预防的最好办法将孵化用水进行过滤,过滤网安装在进水口处。

五是进行专人管理,精心观察其产卵活动规律,做好记录,并及时把孵化出来的幼苗收集进来专池培育。

# 第三章　黄鳝苗种的培育

　　黄鳝的种苗培育是指将人工繁殖或天然采集的鳝苗用专池培育成能供养殖成鳝用鳝种的养殖方式。一般是将刚孵化的鳝苗进行分阶段培育，先培育成体长 2.5～3.0 厘米左右的鳝苗，再培养到平均体长 15～25 厘米、平均体重 5～10 克规格的鳝苗，当然也可以一次性进行培育到位。由于人工繁殖鳝苗相对滞后，故黄鳝种苗培育开展得不是太普及。随着黄鳝生产的发展，对种苗的需求量越来越大，解决批量种苗生产迫在眉睫。

## 第一节　黄鳝苗种的来源

　　由于目前黄鳝的人工繁殖技术尚未全面普及，普通养殖户进行人工繁殖还有一定难度，因此鳝种的来源，除了依靠全人工繁殖培育的途径获得外，仍然要靠从市场上采购鳝种、捕取天然受精卵进行孵苗、直接捕取天然鳝苗。

## 一、从市场上采购黄鳝苗种

### 1. 采购途径和方法

从市场上采购鳝苗鳝种，途径一般有三条，一条是到农贸市场或水产品批发市场随机采购；二是到固定的熟悉的小商贩手中采购；三是到固定的黄鳝养殖场进行采购。

这三种方法第一种质量得不到保证，通常会有电捕鳝、药捕鳝、钩钓鳝在里面，往往会发生购回家就发生大量死亡的现象。另外由于乡镇农贸市场黄鳝收购一般都有垄断性，因而有压价及半路拦购的。第三种方法价格往往会很高，但是质量和规格都能得到保证，第二种方法很适合普通养殖者，当我们直接从捕鳝者或收购商手上收购时，一定要向他们说明意图，要求捕鳝者在存放时采取措施，尽可能防止发烧。在和收购商谈好转买价格，给出相对优惠的价格，然后对前来交售黄鳝的农户一家一家地查看，将认为合格的黄鳝收来养殖，一般质量也比较可靠。

如果自己在当地有一定人脉，可以尝试在收购之前可自己去联系捕鳝的农户，要求它们将鳝苗必须好好保管，价格可以给高一点也没关系，保管方法是：捕鳝者每次都必须用桶装鳝，在桶里放一些湖水或者沟水池塘水都行，少一些没有关系，捕鳝者带水把黄鳝拿回家之后也必须用湖水或池塘水储存，等待上门收购。由于增加了劳动强度，给出的价格稍高一些也是值得的，尽量多联系一些，每天上午统一收购回来，运回来也必须带水运输，不需要太多的水，每一个网箱都要一次放满，自己收购虽然麻烦一些，但效果很好，成活率也很高，价格比从小贩那儿收购要便宜些。

在收购时要注意三点要求，一是小贩必须每天早上亲自上捕捉黄鳝的农户家中把当天早上的黄鳝苗给收回来。二是在运输和储存的过程中都必须要用湖水或河水，绝对不用井水泉水或自来水，最重要的是注意温差，应不超过3℃。以免黄鳝感冒。运输过程中尽量多带水，不能不带水运输，以免黄鳝发烧。三是起捕或储存时间过长的坚持不要。

## 2. 采购的质量和品种要求

在购买鳝种时，要选择健壮无伤的一直处于换水暂养状态的笼捕和手捕黄鳝种苗作为饲养对象，切忌使用钩钓来的幼鳝作鳝种。咽喉部有内伤或体表有严重损伤，易生水霉病，有的不吃食，成活率低，均不能用作鳝种。腮边出现红色充血或泛黑色，体色发白无光泽、瘦弱的也不能用作鳝种。凡是受到农药侵害的黄鳝和药捕的黄鳝都不能作种苗放养，这些黄鳝一般全身乏力，一抓就抓住了，缺少活力。将欲收购的黄鳝倒入水中，看其是否活跃，对在水中反应迟钝，打桩的黄鳝不要收购。

一般可以将黄鳝品种分为三种：第一种，体色微黄或橙黄，体背多为黄褐色，腹部灰白色，身上有不规则的黑色小大斑点，这种鳝种生长快，最大个体体长可达70厘米，体重1.5公斤左右，每公斤鳝种生产成鳝的增肉倍数是1：5～1：6；第二种，体色青黄，这种鳝种生长一般，每公斤鳝种生产成鳝的增肉倍数是1：3～1：4；第三种，体色灰，斑点细密，这种鳝苗则生长不快，每公斤鳝种生产成鳝的增肉倍数是1：1～1：2。因此，从养殖效益来看，我们在选择养殖品种时，还是要选择第一种。

## 3. 在大规模养殖场中购买鳝种时的技巧

在一些提供苗种的养殖场，都会有一些高密度临时存放黄鳝的池子，我们就可以通过在池子里观察黄鳝的活力和反应来判断黄鳝的优劣。

首先看看黄鳝的反应，一般质量较好的黄鳝在水池内，会全部迅速游开并躲到水草下或钻入泥中，很少会有黄鳝在没有水草的水体中停留，如果发现黄鳝长时间伸头出水且向上一动不动的（也称"打桩"），这样的黄鳝一般均为病鳝，应予剔出。伸头出水较多的，则全部不要。

其次是看黄鳝的集群反应，对于一池子的黄鳝来说，大部分黄鳝是喜欢在一起的，如果发现有极少数几条的黄鳝待在一边，那就说明可能有毛病，是不适宜选购的。

再次是看黄鳝在池壁和草丛中的反应，如果黄鳝在池子边或水草上不断地用身体在摩擦，爬到水草面上烦燥不安的，在池内翻滚的，肚子朝上的，那就说明这池子的黄鳝可能有寄生虫感染，或者是其他的疾病，也是不宜选购的。

最后就是看黄鳝的摄食欲望，让鳝池保持微流水，投入切碎的蚯蚓、猪肝、河蚌肉、鱼肉等（有蝇蛆的也可采用经烫死的鲜蛆），如果黄鳝的摄食欲望很强烈，则说明是优质黄鳝，否则很可能是患病的，也是不能选购的。

## 二、直接从野外捕捉野生黄鳝种苗

捕捞天然鳝苗进行苗种培育具有较高的经济价值，能节约成本，减少生产开支，是容易在广大农村推广的方法之一。野生黄鳝种苗的采集方法也有多种，效果都非常不错。

第一种方法就是灯光照捕，就是在春夏之间，在晚上点上柴油灯照明，也可用电灯，沿田埂渠沟边巡视，一旦发现有出来觅食的黄鳝，就立即用灯光照射，这时黄鳝就会一动不动地，可用捕鳝夹捕捉或徒手捕捉。在捕捉时，要注意保护鳝体的安全，尽可能不损伤黄鳝的身体，捕到的黄鳝苗应该马上放养。

第二种方法是用鳝笼捕捉，在春天末期，气温回升到15℃以上时，在土层越冬的鳝种苗纷纷出洞觅食，这时是捕捉鳝种的最好季节，这个阶段的野生鳝种苗的捕捞既可在湖泊河沟捕捞，也可利用春耕之际在水田内捕捞。其他季节可利用黄鳝夜间觅食的习性来捕捉。捕苗方法以鳝笼诱捕和手捉为好。每年4～10月份，可以在稻田和浅水沟渠中用鳝笼捕捉，特别是闷热天或雷雨后，出来活动的黄鳝最多，晚间多于白天。可于晚上 9～10 时或者雷雨过后，将鳝笼放在田间水沟里经常有黄鳝活动的地方，几个小时以后将鳝笼收回，就可以捕捉到黄鳝。用鳝笼捕捉黄鳝时，要注意两点：一是最好用蚯蚓作诱饵，每只笼子一晚上取鳝苗一次；二是捕鳝笼放入水中的时候，一定要将笼尾稍稍露出水面，以便使黄鳝在笼子中呼吸空气，否则会闷死或得上缺氧症。黎明时将鳝笼收回，将个体大的黄鳝种苗出售，小的留作鳝种。用这种方法捕到的黄鳝种苗，体健无伤，饲养成活率高。

第三种方法是用三角抄网在河道或湖泊生长水花生的地方抄捕。在长江中游地区，每年 5～9 月份是黄鳝的繁殖季节。此时，自然界中的亲鳝在水田、水沟等环境中产卵。刚孵出的鳝苗体为黑色，具有相对聚集成团的习性。每年 6 月下旬至 7 月上旬在有鳝苗孵出的水池、水沟中放养水葫芦引诱鳝苗，捞苗前先在地面铺一密网布，用捞海将水葫芦捕到网布上，使藏于水葫芦根须中的鳝苗自行钻出到网布上。

第四种方法是食饵诱捕，在每年的 6 月中旬，利用鳝喜食水蚯蚓的特性，在池塘水池靠岸处建一些小土埂，土埂由一半土，一半用马粪、牛粪、猪粪拌和而成，在水中做成块状分布的肥水区，这样便长出很多水蚯蚓，自然繁殖的鳝苗会钻入土埂中吃水蚯蚓，这时可用筛绢小捞海捞取鳝苗，放入幼鳝培育池中培育。

第五种方法就是在黄鳝经常出没的水沟中放养水葫

芦，6月下旬至7月上旬就可收集野生鳝苗。方法是：先在地上铺一塑料密网布，用捞海把水葫芦捞至网布上，原来藏于水葫芦根中的鳝苗会自动钻出来，落在网布上。收集到的野生鳝苗可放入鳝苗池中培育。

在这里必须强调一点的就是必须在每天上午将当天捕捉的黄鳝收购回来，途中时间不得超过4小时。收购时，容器盛水至2/3处，内置0.5公斤聚乙烯网片。鳝苗运回，立即彻底换水，所换水的比例达1∶4以上。浸洗过程中，剔除受伤和体质衰弱的鳝苗。1小时后，对黄鳝进行分选，按不同的规格大小放入不同的鳝池。整个操作过程，水的更换应避免温差过大，水温高低相差应控制在2℃以内。

## 三、利用人工养殖的成鳝自然孵苗

这种方法获得的鳝苗，有成熟率高、对环境适应性强和群众易接受等特点。

首先是选择亲鳝，每年秋末，当水温降至15℃以下时，从人工养成的黄鳝中，选择体色黄、斑纹大和体质壮的个体移入亲鳝池中越冬，一般选择平均体长36～40厘米、体重100克左右的黄鳝。

其次是越冬管理，为了确保黄鳝的亲鳝在来年能更好地繁殖幼鳝，一定要做好越冬管理工作，在越冬期间要注意尽可能自然越冬，不要刻意地人为加温并投喂饵料，这对亲鳝的性腺发育是不利的。当然也不要冻伤亲鳝，越冬土层至少要保证30厘米以上，在天寒时还要在最上面覆盖一层稻草来保温。

再次就是亲鳝的培育，第二年春天，当水温升至10℃以上时，就可以在中午少量投喂黄鳝爱吃的动物性饵料，当水温达到15℃以上时，则要加强投喂，多投活饵，并密切注视其繁殖活动情况，并在中午时适当冲水刺激，以利黄鳝的性腺发育。

第四是密切注意亲鳝的发育，5月中旬亲鳝开始产卵，一旦发现鳝苗后及时捞取并进行人工培育。刚孵出的鳝苗往往集中在一起呈一团黑色，此时，护幼的雄鳝会张口将仔鳝吞入口腔内，头伸出水面，移至清水处继续护幼。寻找仔鳝时，要耐心仔细，一旦发现仔鳝因水质恶化绞成团时，应及时用捞海捞出，放入盛有亲鳝池池水的桶中。如果发现不及时，第二天仔鳝往往就钻入泥中，难以捕起。

## 四、捞取天然受精卵来繁殖

对于农村养鳝户来说，黄鳝的人工繁殖有一定的操作技术难度，单纯依靠人工繁殖来获得黄鳝苗种不是十分保险的。所以，在黄鳝自然繁殖季节从野外直接捞取受精卵，再进行人工集中孵化，这种方法的成本较低，而且获得鳝苗的数量较多。首先是在5～9月份，于稻田、池塘、水田、沟渠、沼泽、湖泊浅滩杂草丛生的水域及成鳝养殖池内，寻找黄鳝的天然产卵场，这种产卵场是有特点的，可以寻找到的，也就是一定要寻找一些泡沫团状物漂浮在水面，这就是黄鳝受精卵的孵化巢，当发现产卵场后，应立即进行捕捞，用布捞海、勺、瓢或桶等工具将卵连同泡沫巢一同轻轻捞取起来，暂时放入预先消毒过的盛水容器，然后放入水温为 25～30℃ 的水体内孵化，以获得鳝苗。

## 五、全人工繁殖获得鳝苗

全人工繁殖鳝苗是指用人工催情繁殖而获得鳝苗的方法。这种方法的特点是能获得批量的苗，质量也有所保证。但缺点是操作上技术要求较高，操作程序也较为复杂，本技术已经在前文作阐述。

## 第二节　黄鳝苗种培育的习性

## 一、黄鳝苗种培育的意义

在自然界中的野生黄鳝，它们的后代在存活过程中，有许多因素将决定着它们的命运。例如被敌害吞吃、受水质污染、农药的药害，还有其他环境的变化与影响等，都会导致野生的鳝苗成活率非常低。为了提高黄鳝苗种的成活率，保证鳝苗的快速生长，为人工养殖提供更多的优质鳝苗，因而需要进行专门建池培育。还有一个重要原因就是在苗种培育过程中，可以强化对野生苗种的驯食训练，这对于大规模的人工养殖是非常有好处的。

## 二、黄鳝种苗的食性

### 1. 刚孵出的营养来源

黄鳝仔鳝刚孵出后的几天里，仍然靠卵黄囊维持生命，等鳝苗孵出后 5～7 天，此时全长约达 28 毫米左右，卵囊完全消失，胸鳍及背部、尾部的鳍膜也消失，色素细胞布满头部，使鳝体呈黑褐色，仔鳝能在水中快速游动并开始摄食水蚯蚓，消化系统基本上发育完善并开始自行觅食。

### 2. 鳝苗期的食性

黄鳝苗的食谱较广，根据研究表明，此阶段黄鳝苗主要摄食天然活体小生物，如大型枝角类（俗称红虫）、桡足类、轮虫、水生昆虫、水蚯蚓、孑孓、硅藻和绿藻等，特别喜食的水生活体小动物是水蚯蚓、枝角类和桡足类等。随着身体不断的增长，黄鳝苗的食性也会发生一点点的改变，慢慢地喜食陆生蚯蚓、黄粉虫和蝇蛆等，同时开始摄取较大型的饵料动物，如米虾、蝌蚪，也兼食一些植物性饵料，如硅藻、绿藻等。

### 3. 相互残食性

鳝苗虽小，但长到一定程度时也具备了成鳝的一些基本特性，例如相互残食性，研究表明，全长 10～20 厘米的性腺未成熟的鳝种，已具残食同类的习性，它们不但可以吞食更小的鳝苗，还吞食鳝卵，所以在人工培育时要注意防止这种残食行为发生。

### 4. 鳝苗的摄食呈季节性

研究表明，在一年四季的鳝苗培育过程中，对黄鳝苗前肠内容物的解剖中发现，泥沙成分以春季所占比例最大，腐屑也以春季所占比例最大，而饵料生物则均在夏、秋季所占比例最大，说明夏、秋两季是黄鳝种苗阶段的摄食旺季。

## 三、鳝苗的生长速度

黄鳝种苗的生长速度与饵料的丰歉有直接的关系，在饵料充足的情况下，生长速度相当快。刚孵出的鳝苗体长 1.2～2.0 厘米，孵出后 15 天体长可达到 2.7～3.0 厘米，经 1 个月的饲养可长到 5.1～5.3 厘米，到当年 11 月中旬，体长可达 15～24 厘米。

# 第三节　黄鳝苗种的培育

黄鳝苗种的培育包括黄鳝幼苗的培育和鳝种的培育，也就是说从黄鳝孵出幼苗后先培育到体重 5 克左右的小鳝种，再进行第二阶段的培育，也就是将小鳝种从 5 克左右培养到 20 克左右的大规格鳝种，由于这两个阶段是有机连接在一起的，故本文是将两者放在一起讲述。

## 一、培育池

从事黄鳝培育，可采用土池、水泥池、网箱三种主要方式，水泥池可分为有土和无土两种形式。但是在生产实践中，用得最多的还是用小水泥池，面积以小为宜，通常不超过 10 平方米，深度较浅为宜，池深 30～40 厘米，水深 10～20 厘米。上沿应高出水面 20 厘米以上，池底加土 5 厘米左右。此外，水泥池要有防逃的倒檐。

培育鳝苗的小池对环境还有一定的要求，主要包括周围环境安静、避风向阳、水源充足且便利、进排水方便、水质清新良好无污染。

由于鳝苗在培育过程中，生长速度差异性很大，因此在准备好鳝苗池外，还要准备几个分养池，随着个体的长大，鳝苗对水体的空间要求大一些，通过分级培育可解决大小个体争食问题，也可避免大小个体的残食现象。

## 二、其他的培育设施

能够培育鳝苗的设备较多，如水桶、水缸和瓷盆等盛水容器也可用来培育鳝苗，尤其适合小规模的培育，但必须在室内进行。此外，培育后期需移至室外水泥池中。容器内要放入小石块，垒起的石块留一些缝隙供鳝苗栖息。放入石块后，注水 5 厘米左右，水面到容器顶端的距离保持在 10 厘米以上。

## 三、池塘清整

冬季排干池水，清除多余的淤泥（保留 20～30 厘米厚），暴晒池底。在放苗前 10～15 天，对培育鳝种的土池还必须进行再一次的清整，即清除塘底淤泥，修补漏洞，疏通进排水道，然后注入部分水（土池注水 10 厘米，水泥池注入 5 厘米）。选择晴天，用生石灰化水泼洒消毒，每平方米用量为 100～150 克，杀灭青蛙、蝌蚪及野杂鱼类，放苗前 3～5 天注入新水备用。鳝种培育池宜选用小型水泥池。

## 四、栽种水草

水草在黄鳝幼体培育中，起着十分重要的作用，具体表现在：模拟生态环境、提供鳝苗部分食物、净化水质、提供氧气、为鳝苗提供隐蔽栖息场所、在夏季高温时可以为鳝苗遮阴、提供摄食场所和防病作用。

培育池中的水草通常有聚草、菹草、水花生、水葫芦等水生植物，栽种水草的方法是，将水草根部集中在一头，一手拿一小撮水草，另一手拿铁锹挖一小坑，将水草植入，每株间的行距为 20 厘米，株距为 15～20 厘米，水草面积占池内总面积的 30%～40%。

## 五、水体培肥

为了让黄鳝苗种在进入培育水体后，就能摄食到适口的浮游生物，就必须对水体进行培肥，可投放 0.2 公斤/平方米的熟牛粪或 0.15 公斤/平方米的发酵鸡粪，以培肥水质。为加强效果，可同时施无机肥尿素 0.15～0.20 公斤/池，用来培肥水质，几天后，水体中的浮游生物即可达最高峰，此时下苗，可以提供部分黄鳝幼体喜食的活饵料，有利于鳝苗的顺利生长。

## 六、放养鳝苗

### 1. 测试水质

在计划放苗的前一天，对水质进行余毒测试，以确定水中生石灰的毒性是否消失。原则上是用鳝苗试毒，实际生产上常用小野杂鱼如麦穗鱼、幼虾（青虾）等代替鳝苗，放于网袋里置于水中，12 小时后取样检查，若发现野杂鱼未死亡且活动良好，说明水质较好，可以放苗。

### 2. 放苗时间

种鳝产卵 10 天后，一般鳝苗即会孵出。待鳝苗孵出后，应在 5 天之内将其捞入培育池进行专池培育。

养殖者也可以黄鳝的生长特性进行温度推算来确定放养时间，由于鳝苗的身体比较虚弱，需要稳定的温度条件做保障，因此为慎重起见，初养者一般在每年的6 月 25 日以后放苗为好，此时气温基本稳定在 30℃ 以上，并且晴天早上的空气温度和水温基本持平，这样能最大限度地避免黄鳝因为离水时间过长产生温差而感冒。

第二年技术成熟之后，可以稍微提前到 5 月 20 日左右，延长吃料时间，可以明显增加经济效益。

鳝种的放养与鳝苗的放养有一点区别。鳝苗经过精心饲养，当年可长成体重 20 克以上的幼鳝种，这时就要分池培养。鳝种池的清整方法同前面的鳝苗池清整方法是一样的。只是放养时间要提前了，这样可以为当年养殖成鳝提供更多的生长时间，有利于黄鳝的快速生长。每年 3 月底 4 月初放养，密度视养殖条件和技术水平而定。

### 3. 放养密度

在小型池塘里对鳝苗进行培育时，放养的密度以 100～200 尾/平方米为宜。如果是在水泥池中培育，密度可以更高，放养量达到 400～500 尾/平方米。当然具体的放养量还要看鳝苗的质量来定，一般原则是苗规格小少放，规格大多放。放苗日期早就少放，放苗日期晚就多放。

鳝种的放养量为每平方米 80～160 尾（2～6 公斤）不等。要求体质健壮、体表无伤，大小规格整齐。

### 4. 放苗操作

放苗期间应该多关注天气情况，放苗时的天气必须选择连续晴天的第二天，上午把苗运回家之后，放在阴凉的地方，先在容器内培养 2～3 天后，由于仔鳝苗对环境的适应能力较差，在入池前，应将培育池的水温调整至与原池或运输容器内的水温相近（温差不超过 2℃），再将鳝苗移入育苗池。

鳝种在放养时一定要轻手轻放，同池养的鳝种规格大小要一致，黄鳝的苗、种只要放入另一水体，就要消毒。一般用 1‰～3‰食盐水浸泡 10～15 分钟；或用高锰酸钾每立方米水体 10～20 克浸泡 5～10 分钟；或用聚维酮碘（含有效碘 1‰），每立方米水用 20～30 克，浸泡 10～20 分钟；或用四烷基季铵盐络合碘（季铵盐含量 50%），每立方米水用 0.1～0.2 克，浸泡 30～60 分钟。

在放养鳝种前需要对后期进行培育的鳝苗做质量上的检查，以确保为以后成鳝养殖提供质量更好的大规格鳝种。检查鳝苗的质量可以从以下几个方面入手。

一是看鳝种的体表，如果黄鳝的头部、肛门或者体表的任何部分出现肿胀、发红、充血等症状，则说明这批苗种在培育、储存、运输过程中有处理不当的地方，不能继续培育。

二是看鳝种的伤势，如果鳝种身体任何地方受伤尤其头部受到损伤时，则尽量把受伤的剔除，不能放在一起进行下阶段的培育。

三是看鳝种的动作，先把从鳝苗池里捞出的部分黄鳝苗种放进水中，水深以浸没黄鳝超过 10 厘米以上为好，健康的黄鳝全部会沉入水中，即使偶尔伸头呼气也会马上沉下去。

四是用手抓来判断鳝种的质量，健康的黄鳝活泼好动，用手不容易抓住，在水中只能看见倒立的尾巴，头部都相互交错的埋藏在水的最深处。一句话，就是把黄鳝放在水里只看见尾巴，看不见头。如果黄鳝长时间把头伸出水面，或者浑身瘫软，一抓一大把，则很可能是不健康的黄鳝，若只有部分黄鳝有不健康的症状，则尽量把行为异常的剔除掉，这样可以保证下阶段的培育成活率。

## 5. 在鳝种培育阶段放养泥鳅

泥鳅活泼好动，在鳝种培育池中放养少量泥鳅，对增加池塘水中溶氧，防止黄鳝相互缠绕和清理黄鳝饲料能起到一定的作用。因此在鳝种培育阶段我们建议放养少量泥鳅，但是由于泥鳅抢食快而黄鳝吃食较慢等原因，我们在养殖中建议鳝鳅混养时要注意以下几点：一是泥鳅的快速抢食会给黄鳝的正常驯食带来困难，造成驯食不成功，因此在投喂时可以先让泥鳅吃饱，然后再喂黄鳝。二是泥鳅投放时的规格一定要小，数量要少，达到目的就可以了，如果泥鳅规格大，它不但会和黄鳝争食，还可能会以大欺小甚至撕咬、吞食更小的鳝种。

# 七、投饵

## 1. 分养前喂养

刚孵化出的仔苗不能摄食，主要靠吸收卵黄囊的营养来维持生命，这期间可不投喂食物。鳝苗孵出后5～7天，消化系统就可发育完善，卵黄囊已基本吸收完，与之相对应的是卵黄囊消失，此时鳝苗开始自己自由觅食。鳝苗的食谱是广泛的，但主要摄食天然活体小生物，加大型枝角类、桡足类、水生昆虫、水蚯蚓和孑孓等，最喜食水蚯蚓和水蚤。开口饵料以丝蚯蚓为佳，所以在鳝苗放养前，必须用畜禽粪培育水质，培育大型浮游动物，还要引入水蚯蚓种，以繁殖天然活饵供鳝苗吞食，也可用细纱布网捞取枝角类、桡足类投喂。还可用煮熟的鸭蛋黄用纱布包好，浸在水中轻轻搓揉，鳝苗可取食流出的蛋黄液。最初每3万尾约投喂一个鸡蛋的蛋黄，以后逐步增加，以"吃完不欠，吃饱不剩"为宜。以后逐步在蛋黄中增加投喂水蚤、丝蚯蚓、蝇蛆及切碎的蚯蚓、河蚌肉等，蚯蚓等动物的浆要打细，最初可先按总量的10％加入，以后逐步增加。

也有不少养殖户认为鳝苗开口的最佳饲料为丝蚯蚓和蚯蚓，接着喂蝇蛆。这样喂养的幼鳝，生长健壮。在投喂过程中，以动物性饵料为主，但也要不断加入一定比例的植物性饵料，特别在喂养后期，搭配一定数量的麸皮、米饭、瓜果、菜屑、豆饼及糟粕等很有必要。饵料中以蚯蚓为最佳，每5～6克蚯蚓能增长1克鳝肉。此外，对于整条的蚯蚓，鳝苗难以摄食，最好的办法是将蚯蚓剁碎投喂，切碎的蚯蚓以黄鳝能顺利吞吃为准，若鳝苗咬住食物在水面旋转，则证明食物过大，可再切细一点。黄鳝不吃腐臭食物，变质的残饵要及时清理。要定时、定质、定量投喂，开始每天下午4～5时或傍晚投喂饲料1次，以后逐日提前，10天后就可每天上午9时或下午 2 时准时投饵，日投量为黄鳝体重的 6%～7%。随着身体的生长，饵料也应不断增加。一般来说，所投喂的饵料 2～3 小时内吃完为宜。饵料要保持鲜活，投饵最好全池遍洒，以免鳝苗群集争食，造成生长不匀。待身体长至一定长度时（3 厘米以上），摄食能力较强，应训练鳝苗养成集群摄食的习性，实行集中在食场或食台投喂。

要注意的一点就是对投喂的活饵料及肉食性饵料，如蝇蛆、鳝肉和动物的内脏、畜禽的下脚料等，一定要用 3%～5% 的食盐水浸泡 20～30 分钟；或用高锰酸钾每立方米水体 20 克浸洗活饵，再用清水漂洗。彻底消毒，杀死病原体，以免影响黄鳝的正常生长发育。

## 2. 分养后喂养

经过一个月左右饲养后，鳝苗粗壮活泼，体长 5～8 厘米，进行第一次按大小分级饲养，并将达到 10 厘米的大鳝种选出移入育肥池饲养。在分养时首先检查黄鳝苗的质量，然后分级，一般分大中小三级，方法是：把最小的和最大规格的分别拿掉，各单独放在一个桶中，留下中等大小规格的。再按不同的规格进行不同的饲养与管理。分养时动作应该尽量迅速，减少黄鳝离水的时间。

在分养后，立即可以投喂蚯蚓、蝇蛆和杂鱼肉酱，也可少量投喂麦麸、米饭、瓜果和菜屑等食物。日投 2 次，上午 8～9 时、下午 4～5 时各投喂 1 次，日投饲量为体重的 8%～10%；第二次分养后，可投喂大型的蚯蚓、蝇蛆及其他动物性饲料，也可喂鳗鱼种配合饲料，鲜活饲料的日投饲量为体重的 6%～8%。当培育到 11 月中下旬，一般体长可达到 15 厘米以上的鳝种规格，此时水温可能下降至 12℃左右，鳝种停止摄食，钻入泥中越冬。生产中的投喂在适温情况下多喂、勤喂，在水温 5℃以下摄食最下降，可少喂；在雨天，要待雨停后投喂。

## 八、水温调控与管理

水是黄鳝等鱼类生存的基础条件，水质调节与管理在鳝苗培育中尤为重要，水温调节的核心内容就是防止培育池中的温度过高或过低而造成对鳝苗鳝种生长的影响。鳝苗池应水源充足，水质优良。鳝苗喜生活在水质清爽且肥、活和溶氧量丰富的水环境。根据习性，25～28℃的池水温度最适鳝种苗生长，但在炎热的酷暑夏季，有时水温高达 35～40℃，故要有调节遮阴、降低水温的措施。调节水温措施一是保持适当的水深，一般鳝苗池水深保持在 10 厘米左右，经常换注新水，保持水质清新，同时可以降低水温。一般在春、秋季 7 天换水 1 次，夏季 3 天换水 1 次。高温季节可适当加深水位。但不要超过 15 厘米，因鳝苗伸出洞口觅食、呼吸，如水层过深，易消耗体力，影响生长。要经常清除杂物，调节水温。二是在池中种植一些遮阴水生植物，如水葫芦、水浮莲和水花生等水生植物，这样既可净化水质，又可使鳝苗有隐蔽歇阴的地方，有利于鳝苗的生长。三是在鳝池中放入较大的石块、树墩或瓦片，做成人工洞穴，以利鳝苗栖息避暑,还可在鳝池周围栽些树木或在池边搭棚种藤蔓植物或种瓜搭架,遮挡强烈的太阳。

到了 11 月,长大的鳝苗随着温度降低,会钻入泥下穴中越冬。此时要做好幼鳝的越冬管理,冬季鳝种越冬时,要注意防寒、保暖。当水温下降到 10℃ 以下,应将池水排干,但又要保持底泥一定水分,并在上面覆盖 10～20 厘米厚的稻草或草包或其他杂草,使土温保持 0℃ 以上,这时也要小心,不要放太多太重的东西,以防重物压没洞穴气孔,而导致黄鳝缺氧窒息;若是无土过冬则要把黄鳝用网箱放到深水(1 米左右),上面再加盖水花生 30～40 厘米,以免鳝体冻伤或死亡,确保安全过冬。在北方下大雪结冰时,黄鳝种过冬可集中起来,搭个塑料薄膜大棚,不结冰就行。另外,注意在换水时水温差应控制 3℃ 以内,否则黄鳝会因温度骤降而死亡。

## 九、水质调节

清爽新鲜的水质有利于黄鳝种苗的摄食、活动和栖息,浑浊变质的水体不利于种苗生长发育。黄鳝苗种培育池要求水质"肥、活、嫩、爽",水中溶解氧不得低于 3 毫克/升,最好在 5 毫克/升左右。由于鳝池的水比较浅,一般有土的只保持在 30 厘米左右,无土的水位在 80 厘米左右。饲料的蛋白质含量高,水质容易败坏变质,不利于鳝摄食生长。

培育黄鳝种苗要坚持早、中、晚各巡塘 1 次,检查种苗生长生活状态,清除剩饵等污物。每当天气由晴转雨或雨转晴，或天气闷热时，或当水质严重恶化时，鳝前半身直立水中，将口露出水面呼吸空气，俗称"打桩"，这是水体缺氧之故。发现这种情况，必须及时加注新水解救。如果对气候了解有把握的情况下，凡在这种天气的前夕，都要灌注新水。

水质调节的主要内容一是要使池水保持适量的肥度，能提供适量的饲料生物，有利于生长；二是为了防止水质恶化，调节水的新鲜度，一般每天先将老水、浑浊的水适时换出，再注入部分新鲜水，在生长季节每10～15天换水1次，每次换水量为池水总量的1/3～1/2，盛夏时节（7～8月份）要求每周换水2～3次，要每天捞掉残饵；三是适时用药物，如用生石灰等调节水质；四是用种植水生植物来调节水质；五是在后期的饲养过程中，由于排泄量太大，不但采用常流水还要经常泼洒EM菌液，才能营造出一个水质优良的状态。

# 十、防治病害

## 1. 防治疾病

黄鳝在天然水域中较少生病，随着人工饲养，密度加大，病害增多，因此在鳝苗鳝种的培育过程中，要经常检查种苗健康状况，做好防治工作，还要驱除池中敌害生物。刚孵出的鳝苗，卵黄囊尚未完全消失，处在水质不良的状况下容易发生水霉病。鳝苗在培育过程中，若遇到互相咬伤或敌害生物的侵袭而形成的伤口，也易染上水霉病。防治方法是，在低温季节发病时，可用漂白粉治疗，每立方米水体用食盐或小苏打各 400 克，溶化后全池遍洒，或定期浸洗病鳝苗，效果也较为理想。

黄鳝在水中生活，发病初期不易觉察，等到能看清生病的鳝时，其病情已经比较严重了，因此对黄鳝的病害要主动采取措施，以防为主；无病先预防，有病赶紧治。首先是在培育过程中还要做好养殖环境的定期消毒工作，在养殖过程中有黄鳝的自身排泄污染，还有外界的多方污染，使水环境不断出现水质恶化，因此要定期消毒。每月用生石灰化水泼洒一次，每立方米用 30～40 克。在养殖过程中的发病季节，还要用相应的药物定期化水泼洒消毒。其次是对养鳝中所用的工具要定期消毒，每周 2～3 次。用食盐 5％浸洗 30 分钟，或用漂白粉 5％浸洗 20 分钟。发病池的用具要单独使用，或经严格消毒后使用。

## 2. 防止其他动物危害

对黄鳝危害较大的是老鼠，网箱养殖时老鼠经常咬箱咬鳝，咬伤鳝体，鳝易感染生病，咬破网箱，鳝易逃跑。冬季池塘或网箱中的冬眠鳝，鳝体不活跃，老鼠咬了大鳝尚可救治，咬了小鳝种几乎没有活命的可能。此时，应特别注意防止老鼠为害。另外，养鳝池池水较浅，蛇、鸟和牲畜、家禽容易猎食，应采取相应措施予以预防。

## 十一、防黄鳝逃跑

在黄鳝苗种培育过程中，如果措施不力也会发生黄鳝大量逃跑的事件，从而给苗种培育带来影响。根据生产实践中的经验来看，黄鳝逃跑的主要途径有：一是连续下雨，池水上涨，随溢水外逃；二是排水孔拦鳝设备损坏，从中潜逃；三是从池壁、池底裂缝中逃遁。因此，要经常检查水位、池底裂缝及排水孔的拦鳝设备，及时修好池壁。网箱养鳝时箱衣要露出水面 40 厘米，冬季至少 20 厘米。箱衣露出太少黄鳝可顺着箱沿逃跑。另外，网箱养鳝在箱水平面最易被老鼠咬洞，只要有洞，黄鳝就会接二连三地逃跑，因此，需不断检查，及时补好洞口，并想办法消灭老鼠。堵塞黄鳝逃跑的途径。

# 第四节　野生黄鳝苗种的
# 驯养和雄化技术

## 一、野生黄鳝苗种的驯养

### 1. 驯养的意义

野生苗种是许多黄鳝养殖户在人工繁殖苗种不足以进行养殖时而采取的一个重要的补充来源，它具有野性十足、摄食旺盛、抗病力强的优点，尤其是喜欢捕食天然水域中的活饵料，由于野生鳝种苗不适应人工饲养的环境，一般不肯吃人工投喂的饲料，必须经过一段驯饲过程，否则会导致养殖失败。对于小规模低密度时，可以通过投喂蚯蚓、小杂鱼、河蚌、螺类、昆虫等新鲜活饵料来达到养殖目的，不需要过多地进行驯养。但是在进行大规模人工养殖时，再用一些小杂鱼、河蚌等饵料来投喂，显然就有明显的弊病，如饵料难以长期稳定供应、饵料系数高等。因此必须对它们进行人工驯养，让它们适应黄鳝专用的人工配合饲料，从而达到大规模养殖的目的。这些专用饲料，具有摄食率高、增重快、饵料系数低等优点。

## 2. 驯养前的准备工作

这种准备工作主要是饲料的准备以及为饲料服务的配套设施。包括收购的鲜活河蚌，置于池塘暂养贮存，由于河蚌的出肉率高，野生黄鳝爱吃，所以可以被用来作为驯饵的主要饲料；另外就是黄鳝专用配合饵料，这是在黄鳝经驯饵成功后的主要饲料，也是后期黄鳝生长的保证；其他相应的配套设施还有冷柜、绞肉机和电机等。其中冷柜是用来处理和储存蚌肉的，河蚌肉使用前，先进行冷冻处理，这样便于绞肉机的工作，对于已经绞好的蚌肉，如果一时用不完，也可以用冷柜进行保存。而绞肉机和1.5千瓦单相电机1台则是为了服务绞肉的。

## 3. 驯饵的配制

在野生鳝苗捕捉入池后，前1~2天内先不投饲，然后将池水排干，加入新水，待鳝处于饥饿状态，即可在晚上进行引食。一般在鳝苗入池的第三天就应开始进行驯食工作，先用黄鳝爱吃的动物性饵料投喂，可选用新鲜蚯蚓、螺蚌肉、蚕蛹、蝇蛆、煮熟的动物内脏和血粉、鱼粉、蛙肉等，经冷冻处理后，用绞肉机加6～7毫米模孔加工成肉糜。将肉糜加清水混合，然后均匀泼洒。每天下午5～7点投喂1次，投喂量控制在黄鳝总量的1%范围内。这种喂量远低于黄鳝饱食量，因此黄鳝始终处于饥饿状态，以便于建立黄鳝群体集中摄食条件反射。

3天后，开始慢慢驯食专用配合饵料，由于饲料厂生产的专用饲料不能直接投喂，必须先进行调制，先用黄鳝专用饲料35%加入新鲜河蚌肉浆65%（3～4毫米绞肉机加工而成）和适量的黄鳝消化功能促进剂，手工或用搅拌机充分拌和成面团状，然后用3～4毫米模孔绞肉机压制成直径3～4毫米、长3～4毫米的软条形饵料，略为风干即可投喂。5天后调整配方，将专用配合饲料的含量提高10%左右，将蚌肉糜的含量同时下降10%左右，就这样慢慢地增加专用饲料的比例，直到最后让野生黄鳝完全适应专用配合饲料。

## 4. 驯养方法

为了达到驯养的目的，在野生黄鳝开始投喂时，千万不能投喂得过饱，只能让它保证六成饱的状态，当3天后，观察到黄鳝适应池塘环境而摄食旺盛但一直处于半饥半饱状态时，这时用添加专用配合饲料和蚌肉糜的混合饵料来投喂黄鳝,同时将全池泼洒投喂改为定点投喂。一般每 20 平方米设 4～6 个点,继续投喂 5 天,投喂量仍为 1%,此时黄鳝基本能在 3 分钟内吃完。再过 5 天再改投新配制的人工配合饵料,每天下午 5～7 点投喂 1 次,投喂时直接撒入定点投喂区域,投喂量可以提高为鳝苗体重的 1.5%～2%,以 15 分钟内吃完为度,以提高饵料利用率。

由于黄鳝习惯在晚上吃食,因此驯饲多在晚上进行。待驯饲成功后,慢慢把每天投饲时间向前推移,逐渐移到早上 8～9 时,下午 2～3 时各投饲 1 次。这才算是人工驯养完全成功。

通过这样的驯食,一般在一个月内就可以让野生黄鳝完全适应专用配合饵料的投喂,而且配制饵料的投喂效果极为理想。实践表明,在有土的规模养殖中,饵料系数为 3;在无土流水工厂化养殖中,饵料系数可降到 2～2.5。

由于黄鳝对食物有严格的选择性,对某种食物形成适应后,就不能改变食性,因此,在苗种培育过程中,进行多次、广谱的驯食工作是非常重要的。

## 二、黄鳝的雄化技术

黄鳝的雄化技术也叫性别控制技术,也就是人为地对黄鳝进行控制性别的一种方法。一般利用性激素就能诱导黄鳝的性别向人们希望的方向发展。控制性别的技术在国外已有很多年的发展,技术上已经十分成熟,但在国内该技术仅停留在实验室水平上，生产上尚无有关的报道，并且国家相应的标准尚未完善。目前我国黄鳝养殖在雄化技术方面尽职尽责仅仅是生产实践上的应用，在理论上并没有太多的报道，只是人们发现，经过用雄性激素甲基睾丸酮处理黄鳝鱼苗，可获得 99% 以上的雄性鳝。经过处理后的黄鳝因性别单一，密度固定，不仅生长快，而且成本低，一般可增产 30%。这对于生产养殖是非常有好处的，所以目前在黄鳝养殖上还是一种新兴技术，却也是很有潜力的技术。

## 1. 黄鳝的性逆转特性决定了雄化的可能性

黄鳝每年从 5 月一直到 8 月，雌雄交配产卵，产卵时间较长；6 月开始孵化到 9 月；7～10 月间鳝苗发育生长，10 月生长发育到第二年 2 月间仔鳝长成幼鳝并越冬；第二年 2～5 月成鳝生长发育，开始第一次性成熟为雌鳝，5 月以后进入交配产卵。产卵后的雌鳝从 7 月到第三年 4 月间继续生长发育，卵巢渐变为精巢，到第三年 5 月以后第二次性成熟为雄鳝，以后终身为雄鳝不再变性。也就是黄鳝具有特殊的性逆转特性。

## 2. 雄化的意义

由于黄鳝在较小阶段时为雌性，而雌鳝为了完成传宗接代的任务，会加快它的性腺发育，从而导致它摄取的营养有相当一部分是用于性腺的发育了，因此生长的速度就慢了，长的个头就小了，养殖户的收益也就低了，如果采取相应的技术手段，对它们进行雄化育苗，则可明显加快生长速度，提高增重率。实践表明，黄鳝在雌性阶段生长速度只有逆变成雄性阶段的 30% 左右，也就是雄黄鳝的生长速度及增重率比雌性提高一倍以上。因此在生长较慢的鳝苗阶段喂服甲基睾丸素，使其提前雄化，可较大幅度提高黄鳝养殖产量，取得良好的经济效益。

### 3. 雄化对象

适宜进行黄鳝苗种雄化的对象还是有讲究的，一是以专育的优良品种为佳，在鳝苗自腹下卵黄囊消失的夏花苗阶段施药效果最好，这时雄化周期最短，效果最明显；二是个体单重达 20 克时的幼苗期开始雄化效果也不错，但用药时间要长一些，比第一种来说效果要略差一点；三是如果已经丧失了最佳的雄化时期时，也有补救措施，就是当黄鳝体重达到 50 克以上已经达到青年期时，这时的黄鳝也可以进行雄化，但是雄化的时间与前两种有一点差别，通常是在入秋时才能进行，而且在开春以后还要用药 10 天左右，效果才明显；四是有部分科研人员和养殖户也对 100克以上的黄鳝施药，加速向雄性逆转，但是我们认为这个时期并不是最好的雄化对象，因为一方面 100 克以上的黄鳝在许多地方已经可以食用了，不必要承担喂药的风险，另一方面这种规格的黄鳝都会处于产卵盛期，而产卵期是不宜施药的，所以效果并不好。

## 4. 施药方法

　　根据黄鳝苗种不同的生长阶段而采取不同的施药方法。对于黄鳝夏花苗种阶段进行施药雄化时，在施药前先对黄鳝苗种做健康检查，然后放干池水，再冲进新水。接着两天不投食，先让黄鳝饥饿一下，到了第三天开始投喂，主要是喂给熟蛋黄。先将鸡蛋剥开去掉蛋白，取其中的蛋黄并调成糊状，按每两只蛋黄加入含雄性激素甲基睾丸素 1 毫克的酒精溶液 25 毫升，充分搅匀后均匀泼洒投喂黄鳝，投喂量以不过剩为准。投药期食台面积应比平时要大些，以免争食不均。连续投喂一周后，改喂蚯蚓磨成的肉浆，同时加入药物，此时用药量增加到每 50 克蚯蚓用 2 毫克甲基睾丸素。在添加蚯蚓肉浆前先用 5 毫升酒精将甲基睾丸素充分溶解并搅拌均匀，投喂给黄鳝，这样连续投喂 15 天后就可以停药不再投喂，这时基本上就可以达到雌性雄化的目的。经此夏花施药雄化处理后的黄鳝，一般不会再有雌性状态出现。为了保险起见，在生长一段时间，当黄鳝个体增重至 8～10 克时，再按上面的方法和药物剂量继续施药 15 天，效果就非常明显了。

　　如果错过了夏花阶段，还有一个雄化的时期，那就是当黄鳝个体重 15 克以上时，这时也可以进行雄化，雄化的技术与前文的基本相同，只是用药量和投喂时间有所不同，这时的用药量为 500 克活蚯蚓拌甲基睾丸素 3 克,而且需要连续投喂一个月才能达到完全雄化的效果。

## 5. 加强管理

首先是为了确保黄鳝的安全和雄化效果，在雄化期间池内不宜施用消毒剂，但为了保证水质的优良，此时可施用氧化钙或生石灰，施药浓度为春秋季 5～10 毫克/升，夏季 10～20 毫克/升。

其次是甲基睾丸素是一种性刺激激素，用药量开始时不宜过大，可逐步增加到允许的添加量范围内。

再次就是黄鳝养殖使用甲基睾丸素，在社会上可能有一些不同的见解，为了消除人们对此的不正确认识，也是为了保证食品的安全，在 100 克以上的尽量不要用药了，而且在捕捉期的两个月前一定要停药观察，所有的用药时间和用药浓度必须保留档案。

第四就是经雄化的良种鳝食用量大为增加，此时的投食量应相应增大，投食量可达到黄鳝体重的 10％甚至更高，7 个月可催肥出售。因增重速度高，鳝体提早雄健粗壮，从而提高了抗病力，可加大放养密度。所以雄化育苗也是黄鳝人工密养的有效措施之一。

最后一点就是要注意的不同的饵料，它们对黄鳝的生长还是有明显差别的。主要体现在饲料转化率及增重率显著提高的范围有一定差异，例如 3 公斤大平 2 号鲜蚯蚓可增重 0.5 公斤鳝肉，2 公斤黄粉虫可增重 1 公斤鳝肉。

# 第四章　池塘养殖黄鳝

黄鳝的适应性强，生活能力强，耐饥饿，而且生长速度快，在池塘中养殖黄鳝，一般一个月可增长10厘米，9个月体重可达300克，即达商品鳝规格。因此人工池塘养殖黄鳝，占地少、用水省、效率高，尤其适应农村人工养殖，是一条致富之路。

## 第一节　池塘的选择与修建

### 一、池塘养殖黄鳝的模式

利用池塘养殖黄鳝，一般有两种模式，一种是池塘专门养殖黄鳝，这种养殖方式的技术要求高，黄鳝的放养量大，饵料投入高，但是成鳝的产量高，养殖效益也非常高；另一种养殖模式就是利用池塘套养黄鳝，就是在池塘中养殖其他的经济鱼类，然后根据情况再在池塘中套养或混养黄鳝，这种养殖模式的投入低，不需要专门给黄鳝投喂饵料，但是黄鳝的亩产量也低，收益也是不如第一种养殖模式。

## 二、池塘的选址

黄鳝对环境适应力强，一些不宜养殖其他鱼类的废弃水体及不宜种植农作物的水坑、水塘均可作为黄鳝池。养殖黄鳝的池塘一般选择在避风向阳、水源充足、水质无污染，进排水方便、较为安静和交通便利的地方建设，例如空地、田块、旧水沟等，也可选择原来养鱼的池塘，改造后用来养殖黄鳝。对于一些小面积家庭饲养的池塘，则可利用房前屋后空地，采光较好的废旧房屋、旧粪坑、低洼地和废蓄水池等改建或在楼房屋顶上建池养殖。

由于土池没有牢固的防渗漏设施，因此，建土池必须要选择地下水位较高，土池内能够容装较多的水且夏季暴雨来临时雨水能够排得开的地方。土质较黏，夏季雨水冲刷池壁不易垮塌，池底要求有一定的硬度。

## 三、池塘的修建与处理

### 1. 池塘面积

黄鳝养殖池塘面积的大小依据养殖的规模和数量、养殖者的技术水平以及自然条件而定，可大可小，一般以 1～3 亩为宜。如果是家庭副业养殖，则以 4～5 平方米或十几平方米均可。池深 80～120 厘米，池形应按东西走向为宜。

## 2. 池塘建设

为了便于换水，最好在有水源保障的地方建池，黄鳝养殖池塘长方形、正方形均可，以东西走向的长方形为佳，土池的池埂要用硬土建造，池埂底部宽 0.5 米，池埂上面宽 0.3 米，池底要夯实不渗漏，若土池的四壁较为牢固且蓄水保水能力较强，建池时则可不必砌砖石。反之，若在软土质处建池则可在四壁靠埂建砌厚度为6 厘米或 12 厘米的砖墙或用石板砌边，并用砖石铺底，池内壁涂抹水泥勾缝并抹平，要求池底和四周不漏水和不易跑鳝。砖墙或石板要竖立在池底的硬基上，墙高出埂面 20～30 厘米。

## 3. 防逃设施

为了防逃可另做池沿，四周高出地面 30～50 厘米，四壁和底部用塑料薄膜或塑料防雨布压贴。也可在池子里铺设一层无结节网，网口高出池口 30～40 厘米，并向内倾斜，用木桩固定，以防逃逸。为便于换水放水，鳝池必须有进水口、排水口、溢水口，用来排污水、换水和防止大雨池水上涨时逃鳝。在接近水源处挖一进水口，在池溏相对一侧下端平行水底处留一排水口，排进水口均要有拦鱼网布配套，防止逃鳝，连片的池塘要统一设计和建设进排水系统，并建设防逃、防漏设施。

### 4. 底部条件

黄鳝喜穴居，所以养殖黄鳝的池塘要求垫上经过暴晒松硬适度、富含有机质的泥土 30 厘米。每年早春可取河泥和青草沤制成的泥土，并在泥中掺和一些蒿秆和畜粪，以增加有机质，放入池塘，便于黄鳝打洞潜伏。然后在池中心或四角上再投以石块、断砖等物，人工造成穴居的环境条件，以利黄鳝保暖或乘凉，适应黄鳝的穴居习性。

## 四、水草的种植

为利于黄鳝的生长，可人工仿造自然环境供黄鳝栖息，池面 1/3 的水面可适度种植水葫芦、水花生、慈姑、茭白、蒿草等水生植物，这种生态养鳝池无需经常换水，可使水质处于良好状态，同时慈姑等既可吸收水中营养物质，防止水质过肥，草叶在炎热的夏季还可为黄鳝遮阴、隐蔽，改善鳝池环境。注意不要使池塘的水体形成死角，影响换水效果。

由于土池的四壁不一定能达到笔直，且池壁顶端没有有效防止黄鳝外逃的设施，因而，我们一般仅将水草铺设在池的中央，而不在池边铺草，以吸引黄鳝集居池的中央而不易到池边来，从而可很好地预防黄鳝外逃，固定水草的方法是用竹竿做一个或几个长方形的框，然后在竹框中投入大量水草并用打桩方式将竹框固定于池中。

适合池塘养鳝池使用的水草目前较好的是水葫芦，这是一种多年生宿根浮水草本植物，高约0.3米，在深绿色的叶下，有一个直立的椭圆形中空的葫芦状茎，因其在根与叶之间有一像葫芦状的大气泡又称水葫芦。水葫芦茎叶悬垂于水上，蘖枝匍匐于水面。花为多棱喇叭状，花色艳丽美观。叶色翠绿偏深。叶全缘，光滑有质感。须根发达，分蘖繁殖快，管理粗放，是美化环境、净化水质的良好植物。喜欢在向阳、平静的水面，或潮湿肥沃的边坡生长。在日照时间长、温度高的条件下生长较快，受冰冻后叶茎枯黄。每年4月底5月初在历年的老根上发芽，至年底霜冻后休眠。水葫芦喜温，在0～40℃的范围内均能生长，13℃以上开始繁殖，20℃以上生长加快，25～32℃生长最快，35℃以上生长减慢，43℃以上则逐渐死亡。

由于水葫芦对其生活的水面采取了野蛮的封锁策略，挡住阳光，导致水下植物得不到足够光照而死亡，破坏水下动物的食物链，导致水生动物死亡。此外，水葫芦还有富集重金属的能力，死后腐烂体沉入水底形成重金属高含量层，直接杀伤底栖生物。因此有专家将它列为有害生物，所以我们在养殖黄鳝时，可以利用，但一定要掌握度，不可过量。

水葫芦通常采用分株繁殖，于春、夏季取母株将基部萌生的匍匐枝顶端长出的新株切开即可，在生长期间，在流动的水面上要用竹竿围栏固定，以防植株散漂其他水面。水葫芦的适应性极强，养护要求也十分粗放，不必采用其他养护措施,可全池泼洒腐熟的人粪尿或适当洒些尿素肥,促使其快速生长,以满足养鳝的需求。

## 五、饵料台的搭建

### 1. 食台搭建的必要性

使用池塘养殖黄鳝,投入的饲料有时不能一下子被吃完,它们会慢慢地沉入池底沉积,另外黄鳝在取食过程中也常常会把大量的饲料带入泥土中,从而造成极大的浪费。因此,养殖户有必要设立专门的投料台。这样可节约饵料,可提高饲料利用率,减少甚至避免饲料的浪费,并及时清除未吃完的饲料,同时也有利于让黄鳝养成一种定点取食的习惯,缓解抢食情况。更重要的可以通过对食台的监测,及时了解黄鳝的摄食情况和疾病发生情况,提高养殖的经济效益。

### 2. 食台的搭建

黄鳝食台的搭建,可以用三种方式,第一种是利用土质较硬、无污泥、水深 0.5 米的池底整修而成。第二种是用木盘、竹席、芦席制成一个方形的食台,设置在水面下 30～50 厘米处,在那些水浅或水位稳定的水域用竹、木框制成,而在水较深或水位不稳定的水域用三角形浮架锚固定。第三种方法是就地取材,直接将食料投放到水草上,若水草过于丰茂,投下的料不能接近水面,则可将欲投料点的水草剪去上部或在投料前用木棒等工具将水草往下压，使投入的饲料能够入水或接近水面即可。春季搭的食台应靠水面（浅些），夏秋季食台应深些。一般一个养鳝池可设立多个投食台。

设置位置应避风向阳、安静，靠近岸边，以便观察吃食情况。场处应设浮标，以便指示其确切位置，避免将饲料投到外边。

## 六、养殖池的供排水系统

水产养殖离不开水，因此池塘的供排水系统是其中非常重要的基础设施之一。

在小规模养殖黄鳝时，可使用水泵将养殖用水直接抽到池塘内就可以了，排水时也只要用水泵将水抽出池塘就可以了，可以不必另外修建供排水系统。

对于规模化连片养殖的池塘，必须有相当完善的供排水系统，应有独立的进水管道、排水管道及排水沟，按照高灌低排的格局，建好进排水渠，做到灌得进，排得出，定期对进、排水总渠进行整修消毒，以免暴雨时因雨水不能及时排出而造成全场淹没，黄鳝大量逃逸而造成巨大的经济损失。进水沟和排水沟的深度及宽度应根据场地的大小确定。场地大，沟的宽度及深度应计划修建得大一些，而且越是靠近下端的排水沟更应修建得宽一些、深一些。场地小，排水沟可窄小一些，但最好不要窄于25厘米，以便水沟淤泥的清理。另外要注意的是，进水沟和排水沟不能放在同一侧，进水沟处于水源的上游，进入到各养殖池塘的水流都是独立的。排水沟应在水源的下游。池塘的排水系统可以加以改造，将排水孔和溢水孔"合二为一"，能自由控制水深的排溢水管。该水管的制作及安装方法为：截取一节长度比池壁厚度多5～10厘米，直径为5厘米PVC塑料管，在其两端均安上一个同规格的弯头。将其安装在养殖池的排水孔处，使其一个弯头在池内，一个弯头在池外，使弯头口与池底相平或略低。这样，如果我们想将池水的深度控制在30厘米，则只需在池外的弯头上插上一节长度约为30厘米的水管即可。这样，当池水深度超过30厘米时，池水就能从水管自动溢出。而我们要排干池水时，只需将插入的水管拔掉即可。如果养殖池较大，我们可以多设一个排水管即可。

## 七、池塘的防逃设施

黄鳝善于逃跑，尤其是在阴雨天气更会逃跑，因此防逃设施一定要做好。根据我们对黄鳝养殖的了解，在池塘养殖时可以做两道防逃设施，一道是从池塘处防逃；另一道是从池塘外防逃。

第一道防逃设施是至关重要的，可以从四个方面入手。一是检查池埂，看看有没有破损的地方和有没有漏洞，结合池塘清整，夯实池埂；二是沿池埂四周贴一层硬质塑料薄膜，薄膜埋入池埂泥土中约20厘米，每隔100厘米处用一木桩固定；三是池塘的进排水口应用双层密网防逃，同时也能有效地防止蛙卵、野杂鱼卵及幼体进入池塘危害黄鳝，由于网眼细密，水中的微生物容易滋生而堵塞网眼，因此需经常检查并清洗网布；四是为了防止夏天雨季冲毁堤埂，可以开设一个溢水口，溢水口也用双层密网过滤，防止黄鳝乘机顶水逃走。

第二道防逃设施是一种补救措施，为防止黄鳝万一偷逃出池而造成损失，在排水沟的末端再增设两道拦网。一般选购网眼直径不大于 0.5 厘米的钢丝网，采用铁片或木条支撑，做成网板，安装固定于排水沟中。安装两道拦网的目的主要是为防止第一道网万一被垃圾堵上后，仍有第二道拦网可以有效地防止其逃跑。同时可在排水沟里放几只鳝笼，如果鳝笼经常有黄鳝，那就要注意检查第一道防逃设施了。

## 第二节　黄鳝的放养

### 一、放养前的准备工作

#### 1. 清除野杂鱼

当自然水温达到 10℃ 以上的时候，就要做好准备工作，黄鳝苗种放养前要清除池塘内经济价值低的、与黄鳝幼苗争食和危害黄鳝幼苗的鱼类。在池塘的进水口和排水口，可用 0.3 厘米网目的网布制作拦鳝设施。

#### 2. 清整池塘

新开挖的池塘要平整塘底，清整塘埂，旧塘要在黄鳝起捕后及时清除淤泥、加固池埂和消毒，堵塞池埂漏洞，疏通进排水管，并对池底进行不少于 15 天的冻晒。这也可以在一定程度上有效杀灭池中的敌害生物如鲶鱼、泥鳅、乌鳢、蛇、鼠等，争食的野杂鱼类及一些致病菌。

## 3. 做好清塘工作

清塘方法可采用常规池塘养鳝的通用方法，也就是生石灰清塘和漂白粉清塘，生石灰清塘又可分为带水清塘和干法清塘。

生石灰干法清塘：在鳝种放养前 20～30 天，排干池水，保留淤泥 5 厘米左右，每亩用生石灰 75 公斤，待生石灰溶解后乘热全池泼洒，最好用耙再耙一下效果更好，然后再经 3～5 天晒塘后，灌入新水。

生石灰带水清塘：幼鳝投放前 15 天，每亩水面水深 20 厘米时，用生石灰 150 公斤溶于水中后，全池均匀泼洒（包括池坡），用带水法清塘虽然工作量大一点，但它的效果很好，可以把石灰水直接灌进池埂边的鼠洞、蛇洞里，能彻底地杀死有害细菌及寄生虫，营造良好稳定的池塘环境。生石灰清塘可杀灭各种杂鱼、蛙类用有害微生物，疏松土层，增加钙质，改善黄鳝栖息的生态环境，是其他清塘药物无法取代的。

漂白粉清塘：在使用前先对漂白粉的有效含量进行测定，在有效范围内（含有效氯 30%），将漂白粉完全溶化后，全池均匀泼洒，用量为每亩 25 公斤，漂白粉用量减半。

## 4. 培肥水质

黄鳝入池前，可施少量经发酵腐熟的有机肥，以繁殖摇蚊幼虫、丝蚯蚓、水生昆虫等水生动物，或在池中投放螺蛳或泥鳅等，任其繁殖，为黄鳝提供鲜活饵料。有条件的地方，可在池中架设黑光灯，引诱昆虫入池。在放鳝种前 3～4 天加注新水，将水深控制在 15～30 厘米。

## 5. 其他的准备工作

在开展养殖之前还有些前期工作必须要做好，比如去联系一些鱼贩或者渔民，把那些价格低廉的小野杂鱼联系好，学习黄鳝的养殖技巧，向池内投放一些瓜络或稻草团，便于小鳝藏身等。

# 二、苗种投放

## 1. 品种的选择

黄鳝的品种很多，其中生命力最强的是青、黄两种，它们在颜色和花纹上有一定的区别，以苗种体表略带金黄且有阴暗花纹的为上乘，其生长速度快，增重倍数高，养殖经济效益好，青色次之。为了确保养殖产量高、效益好，在发展黄鳝养殖生产上要逐步做到选优去劣，培育和使用优良品种。

## 2. 投放时间

黄鳝的放养有冬放和春放两种，以春放为主。放养时间要早，以早春头批捕捉的或自繁的鳝苗种放养为佳。开春较早的长江流域，黄鳝在 4 月份就出洞觅食。人工养鳝池在 4 月初至 4 月下旬就可以投放种苗。长江以北地区以 5 月上旬至 6 月中旬放养为宜。放养时水温要大于 12℃，也不宜一味地追求过早。黄鳝经越冬后，体内营养仅能维护生命，开春后，需大量摄食，食量大且食性广。因此，要尽量提早放苗，便于驯化，提早开食，延长生长期。

## 3. 苗种的选购

苗种放养是黄鳝养殖生产中的重要一环。要搞好黄鳝的人工养殖，就应坚持多种渠道解决苗种的来源，采取科学的饲养方法，获取好的产量和较佳的经济效益。规模化养殖黄鳝时最好批量购买人工繁殖的苗种，或者自已繁育苗种，也可以捞取黄鳝受精卵，进行人工孵化，培育黄鳝苗，优点是规格整齐。切忌大小混养，大小均匀、体强无病、无伤，这样容易驯化吃食。如果是小面积养殖或者是庭院养殖，也可以从市场购买或在 4～10月间到稻田或浅水的泥穴中徒手捕捉幼鳝（或笼捉），但徒手捉时要戴纱手套，用中、食指夹住黄鳝的前半部，以免幼鳝受伤，如用铁钩捕捉的幼鳝会有内伤，不能养殖。但要注意认真选购，要力求做到种质优良，体质健壮，无病无伤。坚决剔除电捕、药捕和钓捕的鳝苗。用钩捕受伤的，放养后成活率低，即使不死，生长也相当缓慢。那些手一抓就能抓住，挣扎无力，两端下垂，或者手感不光滑，身体有斑点的鳝苗都应剔除。还要注意的是，在市场上选购时，则不能买用糖精等喂过的鳝苗。

## 4. 放养规格和密度

放养密度视具体情况而定，但一定要适量，应结合养殖条件、技术水平、鳝种规格等综合考虑决定。缺乏经验，管理水平低，水源条件差的养殖者，每平方米放0.5～1.5公斤。若管理技术水平高，饲养条件好，饲料充足，每平方米可增至 3 公斤。

另外放养密度与所放养鳝苗规格也有很大关系，一般随规格的增大，密度相应减少，反之，则相应增大，作为养殖者来讲，鳝苗规格以每公斤 25～35 尾为佳，这种规格的苗种整齐，生活力强，放养后成活率高，增重快，产量高。若鳝苗规格过小，会影响其摄食和增重，不能当年收获。如果只是囤养数月，利用季节差价赚取一定利润，则上述条件都可放宽，且密度也可增加，例如夏末秋初选购，冬春销售，则每平方米可放养 10～12公斤，另外宜搭配放养 20% 泥鳅。多个池塘养殖时，应尽量做到每个池塘的鳝苗规格整齐，大小要尽可能一致，不能悬殊太大，不同规格的苗种最好能分池饲养，以免争食和互相残杀，影响生长和成活率。

## 5. 入池前的温度适应

经过长途运输的黄鳝苗种，到达目的地后，运输容器内的水温要比池塘的自然水温高很多，而黄鳝对急剧变化的水温的承受能力一般不超过2℃。所以投放前要给予1～2小时的适应变化的时间，否则黄鳝易患感冒，养殖成活率降低。适应变温的方法可将自然温度的清净池水通过细塑料管缓慢的加入运输黄鳝苗种的容器内，以使黄鳝苗种运输容器内的水温和放养池塘水温保持一致。

## 6. 苗种的消毒及清肠处理

苗种在入池前必须经过严格地消毒和清肠处理。方法是：将黄鳝苗种放入3％～5％的食盐水中浸泡消毒8分钟，杀灭病菌和寄生虫，消毒后立即放养，注意观察苗种的活动情况，翻腾、蹦跳激烈的，可能是受伤或者是患有腐皮病，应剔除掉。然后，放入清水中，如发现有懒洋洋的，且用手抓而挣扎无力的，也要剔除掉。最后再用8％的食盐水浸泡5分钟，这时鳝苗肠道基本吐空洗净，便可放养下池。

## 7. 配养泥鳅

黄鳝苗种放足后，在鳝池中可搭配养殖一些泥鳅，放养量一般为每平方米8～16尾。搭配泥鳅有五个作用：一是泥鳅好动，其上下游动可改善鳝池的通水、通气条件；二是可防止黄鳝密度过大而引起的混穴和相互缠绕；

三是泥鳅可以清除池塘的剩余残饵，搅和池泥；四是混养的泥鳅可减少鳝病的发生；五是养殖出来的泥鳅本身就是经济价值很高的水产品，可以增产增收。另外，鳝池中按每 5 平方米混养 1 只龟，能起到如泥鳅一样的作用。

## 第三节　池塘养黄鳝的养殖管理

### 一、科学投饵

池塘养殖黄鳝，由于它们高密度地集中在一个小范围内，它们的活动受到限制，必须投饵精养。

#### 1. 饲料来源

黄鳝是以肉食性为主的杂食性鱼类，喜食鲜活饵料，在人工饲养条件下，主要饵料有蚯蚓、蝇蛆、大型浮游动物、小杂鱼、蝌蚪、蚕蛹、螺蛳、河蚌肉、昆虫及其幼虫、动物性内脏等，动物性饲料不够时，也可投喂米饭、面条、瓜果皮等植物性饲料。在投喂时应注意多品种搭配投喂，以降低黄鳝对某种食物的选择性和依赖性。

其饲料可就地取材多渠道落实饵料来源。一是在养殖池内施足基肥，培育枝角类、桡足类、轮虫及底栖动物等天然饵料生物；二是在养殖池内放养一部分怀卵的鲫鱼、抱卵虾，利用它们产卵条件要求不高但产仔较多的优势，促进它们一年多次产卵孵化出幼体供黄鳝取食；

三是专门饲养福寿螺或螺蛳、河蚌等，也可与发展珍珠养殖相结合，利用蚌肉作为饵料；四是在养殖池上方加挂黑光灯诱捕飞蛾、螟虫及其他昆虫供黄鳝捕食；五是利用猪、羊、鹅、鸭的内脏给黄鳝吃，要注意尽可能将这些动物内脏切碎；六是培育或挖取蚯蚓、人工繁殖蝇蛆，也可用猪血等招引苍蝇生蛆。

## 2. 投饵技术

黄鳝苗种在入池后的 1～2 天先不要立即投喂饲料，而是先让它们饥饿一下，同时让它们适应新的环境后再开始投饵，效果会更好。

黄鳝投饵应坚持"四定"原则：

(1) 定时：根据黄鳝具有昼伏夜出的生活习性，可定在每天傍晚投喂为好。为了便于观察，可逐步驯化至白天喂食。

如果冬季对鳝池覆盖塑料薄膜大棚或采用其他增温、保温措施，保持适宜的水温，黄鳝可全年摄食生长，从而大大缩短暂养期，降低成本，提高产量和效益。

(2) 定质：人工大面积养殖黄鳝时，要求投喂混合饲料，投饵的原则是新鲜、营养、多样。人畜粪必须经过腐热发酵后才能泼洒喂养。从养殖的实践看，以鲜活饵料为主，植物性饵料（如皮、米饭、瓜果等酸甜食物）为辅，黄鳝生长速度快，成活率高，肉质好。可根据当地的资源特点选择适当的饵料，也可人工培育蚯蚓、黄粉虫、蝇蛆等，保证饲料新鲜不变质，腐败变臭的饵料应坚决不用。

较大的饵料要剁碎或吊挂在池中，任其撕食。螺蛳、河蚌及蚬等硬壳饵料，投放前须砸碎其外壳。

(3) 定量：黄鳝的摄食强度直接与水温有关，每天投喂 1~2 次，投喂量为黄鳝总体重的 3‰~5‰，具体可根据水温的高低及黄鳝的吃食情况适当调整。一般应在投饵后 2 小时进行检查，若饵料已吃完，说明饵料量不足，应适当增加，若 2 小时没吃完，则说明饵料过量，应适当减量；饵料过剩，将败坏水质，造成疾病。

黄鳝是肉食性鱼类，很贪食，饵料严重不足时，黄鳝有互相残杀或大吃小、强食弱的食性。饵料不足时，也可辅投一些浮萍、桑叶、豆饼、麸皮或玉米粉等，将上述植物性饵料与绞碎的鱼虾肉糜混合成湿团（在水中能较长时间不散开）后投喂。

(4) 定位：为使黄鳝养成定点吃食的习惯，便于观察吃食情况和清扫残料，达到"精养、细喂、勤管"的要求，应在池塘中设置 3~5 个饵料台，每天应及时清除饵料台上的污物与残饵，并每隔 5 天放置太阳下暴晒一次。

据相关资料介绍，投喂 6~8 公斤蚯蚓或 10 公斤蚌肉或螺蚬肉，即可生产 1 公斤黄鳝。

## 3. 驯饵

需特别指出的是，由于目前黄鳝的全人工繁殖技术还不很成功，因此目前在人工养殖时，黄鳝的苗种主要来源于野生采捕，它们在初放养时对环境很不适应，一般不吃人工投喂的饲料，因而需要驯饲，否则容易导致食欲不振，造成养殖失败。

驯饲的方法和技巧也很多，都有一定的效果，前文已经介绍了一种驯饲的方法，这里再介绍一种适于池塘养殖的驯饲方法。鳝种放养两天内不投喂饲料，促进黄鳝的腹中食物消化殆尽，使其产生饥饿感，然后将池水放掉加新水，于第三天晚间 8～10 时开始进行引食。引食时用黄鳝最喜欢吃的蚯蚓、河蚌肉切碎，分几小堆放在进水口一边，并适当进水，造成微流刺激黄鳝前来摄食。第一次的投饲量为鳝种重量的 1％～3％，第二天早晨如果全部吃完，投饲量可增加到 4％～6％，而且第二天喂饵的时间可向前提前半小时左右。如果当天的饲料吃不完，应将残料捞出，第二天仍按前一天的投饲量投喂，待吃食正常后，可在饲料中掺入来源较易的瓜果皮、豆饼等，也可渐渐地用配合饲料投喂，同时减少引食饲料，如果吃得正常，以后每天增加普通的配合饲料，十几天后，就可正常投喂了。而且也可以驯化黄鳝在白天摄食。

## 二、水质监控

水、种、饵、管是水产养殖的四大物质基础。池塘水质良好，不仅可以减少黄鳝疾病的发生，而且可以降低饵料系数，提高养殖的经济效益。

## 1. 控制水质，稳定水位

鳝池水质要求肥、活、嫩、爽，含氧量充足，水中含氧量不能低于 3 毫克/升。由于鳝池水浅，投饲量又大，饲料的蛋白质含量又高，水质容易败坏变质，不利于鳝摄食生长，为防止水质恶化，底泥中不施有机肥，过肥会造成混浊。因此在具体养殖时，应根据池内的水质确定是否及时换水：在阳光下，若池水为嫩绿色，则为适宜的水质；若池水为深绿色，应考虑换水；若池水发黑，用手沾起来闻一闻，已有异味，应立即换水。春秋两季，一般 7 天左右换水 1 次，夏季 1～3 天换水 1 次，冬季每月换水 1～2 次，每次换水量在 20%～50%，有条件的地方可在鳝池中形成微流水。及时捞除残饵、污物，保持水质清新。

根据具体情况适时加注新水。黄鳝有穴居习惯，而且能在空气中直接呼吸氧气，需经常把头部伸出水面，故池水不宜过深。否则对吃食、呼吸均有困难；过浅，池水容易变质，高温季节可再加深池水，当天气突变（雨天转晴或晴天转雨）及天气闷热时或水质严重恶化时，黄鳝会将它的前半身直立水中，口露出水面呼吸空气，俗称"打桩"。发现这种情况，要及时注入新水，防止黄鳝缺氧频频浮头，一般需稳定在 10～15 厘米，最深不能超过 30 厘米。

— 83 —

## 2. 生物控制水质

较大较深的养鳝池中，可混养少量罗非鱼、鲤鱼、鲫鱼、泥鳅等杂食性鱼类，能起到清除残饵粪便、净化水质等作用。另外种植水生植物如茭白、浮萍、水草等都可以达到净化水质的目的。

值得注意的是，浮萍等虽然可以吸收水中的氨氮，但老死后的残根腐叶给水体造成的负面作用更大，故养鳝池中不宜存留它的枯枝败叶，一旦发现死亡后就要立即捞出。

## 3. 泼洒生物制剂控制水质

在黄鳝的池塘养殖中，可以通过泼洒适量的生物制剂来达到控制水质的目的，用于水产上的生物制剂是比较多的，效果也非常好，例如光合细菌、芽胞杆菌、乳酸菌、酵母菌、EM 原露等，这里介绍一种在黄鳝养殖上常用的 EM 原露生物制剂的应用。

EM 原露是一种功能强大的微生物菌剂，是日本琉球大学比嘉照夫教授发明的，它是由光合细菌、乳酸菌、酵母菌、放线菌、醋酸杆菌 5 科 10 属共 80 多种有关的微生物组合而成。在黄鳝养殖中是有很多好处的，具体表现在以下几个方面：一是能杀死或抑制池塘中的病原微生物和有害物质，改善水质，达到防病治病的目的；二是具有增强黄鳝的抗病能力、促进生长、提高产量和改善黄鳝品质的效果；三是能有效地增加水中溶氧量，快速调整黄鳝的养殖环境，促进养殖生态系中的正常菌群和有益藻类的活化生长，保证养殖水体的生态平衡；四是不但可以将 EM 原露直接投放在水体中控制水质，还可以拌入饵料投喂，直接增强黄鳝的吸收功能和防病抗逆能力；五是 EM 中的光合菌还能利用水中的硫化氢、有机酸、氨及氨基酸兼有的反硝化作用去消除水中的亚硝酸铵，因而能使养殖池中的排泄物和残饵污染得到净化。

　　EM 原露的使用也有其科学性。我们发现有一些黄鳝养殖户在养殖过程中也使用了 EM 原露，但是效果不佳，究其原因就是没有正确地掌握它的科学用法。一是在黄鳝放养前全池泼洒，可以对养鳝池塘进行水质净化和底泥改良，用量是每 100 平方米鳝池用 1 公斤 EM 喷洒。二是在黄鳝的饲养期间进行泼洒，一般为隔 15 天左右全池泼洒 EM 菌液，目的是更好地防病治病，用量为每 1 立方米水体泼洒 10 毫升。如果是水质败坏或污染较重的鳝池，应视实际情况适当缩短泼洒时间，以促使水中污物尽快分解。三是将 EM 原露添加到饵料中来投喂给黄鳝吃，由于制作黄鳝的软颗粒饵料需向干料中加水，那么就可以用 EM 液代替部分水而加入饲料中，添加量为饲料总重量的 2%～5%，对促进黄鳝的消化，预防肠炎很有作用。四是由于 EM 原露的自身特性，它们是微生物菌群，生石灰、漂白粉、茶枯等杀菌剂对其有杀灭作用，不可混用，如果因为治病需要施用时，一定等生石灰等药物失去效力后才能施用 EM 原露。

## 4. 保持肥度

黄鳝池塘水质的管理，还有一项重要任务就是要使池水保持适宜的肥度，能提供适量的饵料生物，以利于黄鳝的生长发育。

## 5. 改善水质

如果黄鳝养殖池塘的水质变坏时，可以适时施用药物，如定期施用生石灰等改善水质。

# 三、水温控制

由于黄鳝摄食的适应水温为 15～30℃，最适宜的水温为 24～28℃，在 30℃ 以上或在 10℃ 以下就很少有摄食欲望，会慢慢地进入夏眠或冬眠状态，这时它是不生长的，对于养殖户而言，这是不合算的。另一方面，在过热或过冷的时候，黄鳝会因水温不适而发病甚至死亡。因此为保证水温在黄鳝的适温范围内，就有必要对水温进行适当控制。

## 1. 防暑

夏季是黄鳝养殖的关键季节，也是管理上最具风险的季节，因此夏季防暑工作非常重要。当水温上升到 28℃ 以上，黄鳝摄食量开始下降，要及时做好防暑降温工作。其方法是：池四周栽种高秆植物或在池边搭棚种藤蔓植物，池角搭设丝瓜、葡萄、南瓜棚，池中种植一些遮阴水生植物如水葫芦或水浮莲，以防烈日暴晒和降温防暑。但水葫芦等繁殖极快，遮阴面一般不能超过1/3，有时为控制水草丛中的气温及水温，还可采取在水草上铺盖遮阳网或使用其他遮阴措施。如若水温超过30℃以上，应及时加注新水，增加换水次数，并将池水加深。最好用地下水降温，加水时不能一次加注过多，以免温差过大而引起黄鳝感冒致病。

## 2. 防寒

黄鳝是变温动物，在春末及深秋，环境温度下降时其体温也随之下降，生长逐渐减缓甚至停止生长。此时可适当减少水草的覆盖面，并将黄鳝的投食时间逐渐提前，以期增大黄鳝的采食量。也可采取人工防寒保暖可相对延长黄鳝的生长期，即在黄鳝池上用透明的塑料薄膜搭设人工保温棚，可延长一个月左右的生长期，效果十分明显。当水温下降到15℃左右时，应投喂优质饲料，使之膘肥体壮，提高抗寒能力；水温下降到10℃左右时，及时做好黄鳝越冬工作，将池水排干，但要保持一定水分，上面覆盖少量稻草或草包，使土温保持0℃以上，以免鳝体冻伤或死亡，确保安全过冬。如果冬季对鳝池覆盖塑料薄膜大棚或采用其他增温、保温措施，保持适宜的水温，黄鳝可全年摄食生长，从而大大缩短暂养期，降低成本，提高产量和效益。

## 3. 越冬

黄鳝越冬有三种方法：一是干池越冬。在黄鳝停食后，把鳝池的水放干，小鳝潜入泥底，上面盖 15～20 厘米厚的麻袋、草包或农作物秸秆等。使越冬土层的温度始终保持在 0℃以上。最好把土堆放在一角，然后上面再加盖干草等物，这样小鳝不易冻死。盖物时不能盖得太严实，以防小鳝闷死。二是深水越冬。即在黄鳝进入越冬期前，将池水水位升高到 1 米，鳝钻在水下泥底中冬眠。越冬期间如果池水结冰，要及时人工破冰增氧，以防长期冰封导致黄鳝因缺氧而死亡，切忌浅水（20 厘米左右）越冬，否则小鳝会冻死。三是可采取在养殖池的水草上部分覆盖塑料膜的方式，一方面防止水草被冻死，同时也利于增加池温，池水应尽可能加深。

## 四、及时分池

黄鳝种内竞争性很强，同规格下池的鳝，经一段时间的饲养，规格就会参差不齐，长此以往不利于产量的提高。所以，在黄鳝生长期间，应每隔 1 个月左右，将池中的黄鳝全部捕出，经过筛选，将大、中、小规格的黄鳝分池饲养。秋后生长期结束前，也应将鳝全部捕出，把已达商品规格的鳝放入待销池中，其余不同规格的鳝，按来年生产需要分池放养。这样，黄鳝种经一个冬天的适应，明年即可较早进入旺长阶段。

## 五、做好防逃工作

在池塘养殖黄鳝时，它逃跑的主要途径有三种：一是连续下雨，池水上涨，随溢水外逃；二是排水孔拦鳝设备损坏，从中潜逃；三是从池壁、池底裂缝中逃遁；四是黄鳝池池小水浅，在灌注新水时，要防止水溢鳝逃。

因此在防逃时要做好以下几点工作：

一是养殖户应尽可能多到池边查看，有条件的可于每天早、中、晚巡池一次，如条件许可，更应经常巡池。一些从事规模养殖黄鳝的，更应抽时间巡视，不要认为交给养殖人员去养就一了百了。养殖业是个要求责任心很强的行业，任何粗心大意都可能使养殖效果大打折扣，甚至导致养殖失败。尤其是在下雨天气，我们更应加强巡视。看是否有排水管堵塞现象，看排水沟是否通畅，看是否有黄鳝逃出池外等，通过巡视，我们能及时发现问题，并想法加以改进，从而避免或减少损失。

二是要经常检查水位、池底裂缝及排水孔的拦鳝设备，及时修好池壁，堵塞黄鳝逃跑的途径。

三是在雨天还要重点注意溢水口是否畅通，拦鳝网是否牢固，以防黄鳝外逃。另外养鳝池边不能有草绳、木棒延伸池外，因为雨天黄鳝最易顺水逃逸。

## 六、预防病害

黄鳝在天然水域中生病较少，随着人工饲养，密度加大，病害较多。常见的有饲养早期，鳝种因捕捉运输体表受伤，易感染生病；饲养中间，因水质恶化或养殖密度过大易发病；外购、外捕的鳝种体内大都有寄生虫或在养殖中感染寄生虫后而发病。因此，在养殖过程中要经常检查黄鳝健康状况，做好日常鳝病预防工作。

一是在鳝种放养和养殖过程中，应用药液浸泡或药液遍洒水体消毒，药饵驱虫等，主动采取措施，以防为主。

二是在养殖池内可混养少量泥鳅可有效地防止发烧病。

三是控制池塘水温的相对温度可有效防止感冒病。

四是在鳝池内投放一些癞蛤蟆，可有效地防止梅花斑病。

五是在饵料中添喂适量大蒜素，用以预防细菌性疾病。

六是防牲畜家禽危害，养鳝池水较浅，牲畜家禽容易猎食，应采取相应措施予以预防。

# 第五章　黄鳝的套养与混养

## 第一节　成鱼池套养黄鳝

黄鳝除了池塘单养外，还可以采用在池塘里套养黄鳝，主要的套养模式有鱼种池套养和成鱼池套养，由于这两者的技术方案很类似，故本书以成鱼池套养黄鳝来说明该项养殖技术。在饲养商品鱼的池塘中套养黄鳝，每亩可产成鱼400公斤，大规格黄鳝30公斤，仅黄鳝一项收入就有上千元，养殖效益能成倍提高。

### 一、池塘条件

池塘面积以10亩以内为好，最适宜的面积在2～5亩，平均水深1.2米，要求水源无污染，注排水方便，注排水口设网防逃。池埂宽阔结实，不渗漏。池埂四周长有大量内侧培植水草、旱草，无草的可以移栽水花生，约占全池面积30%，以利于黄鳝栖息。

### 二、池塘施肥

放养前，用生石灰清塘，水深1米每亩用生石灰150

公斤，化水全池泼洒，杀灭塘内野杂鱼和病原物。等药效消失，每亩施粪肥 400～500 公斤，一周后浮游生物大量繁殖，即可放养鳝种。

## 三、鱼种放养

养鱼池塘首先是要养殖鱼类的，因此鱼种的放养要及时，一般鱼苗放养的适宜时间在 2 月下旬进行，以养肥水鱼为主，每亩放养鱼种 400 尾，其中鲢鱼占 45%，鳙鱼占 20%，草鱼和团头鲂占 20%、异育银鲫占 15%，平均规格为每尾 150 克。银鲫的规格要适当大一些，达到性成熟为宜，以尾重 200 克为好，这样就可以方便及时繁殖出幼小的鱼苗供黄鳝摄食。所有的鱼种用 3% 食盐水浸泡消毒 10 分钟后放入塘中。

## 四、鳝种投放

黄鳝苗一般在常规鱼苗下塘 20～30 天后投放。每亩投放规格 25～30 克的鳝苗，每亩放养 15 公斤，所放鳝苗必须无病无伤、体色光亮、黏液丰富、活动力强、规格整齐，大小一致，要求一个池塘的鳝种最好能一次放足。在放养前用 3% 食盐水浸洗 10 分钟，将游动暴躁、乱蹦乱跳的剔除，最后连水带鳝倒入塘内。

## 五、饲料鱼放养

黄鳝主食蚯蚓、蝌蚪、小鱼等，为了保证黄鳝入池后有充足的活饵料，可适当放养饵料鱼，通常是采用繁殖力强而且个体不大的麦穗鱼和泥鳅作为饵料鱼，放养量为每亩各 15 公斤，利用它们繁殖的幼苗作为黄鳝的动物性饲料。

## 六、日常管理

### 1. 施追肥

为了促进混养池里天然饵料生物不间断，在养殖期间要定期施加追肥，夏季以施无机肥为主，定期施磷肥和氮肥。第一天上午每亩施过磷酸钙 5 公斤，第二天上午每亩施尿素 2.5 公斤，肥料化水全池泼洒。养殖黄鳝时忌用碳酸氢铵作为追肥，以后每 10～15 天施肥一次。

### 2. 加强投喂管理

除了定期施肥培育天然活饵料供黄鳝和主养鱼食用外，每天必须定时投喂饲料，饲料主要有饼粕、玉米、麸皮等，适当加入鱼骨粉、维生素添加剂等制作成颗粒饲料投喂。日投喂量为吃食鱼总重量的 3%～5%，每天喂 2 次，在投喂后 2 小时内吃完为宜。

### 3. 调节水质

黄鳝和鱼在混养时，也要保持水质良好，溶解氧充足，这对它们的生长发育是有好处的，夏秋高温季节每周换水一次，排出部分老水，加注新水，发现池鱼有缺氧浮头现象时，要及时开启增氧机增氧，并及时加注新水，确保水质肥活嫩爽。

## 4. 预防疾病

在混养时，一定要做好鳝病和鱼病的预防治工作，一是在高温季节，每隔 20 天对池水消毒一次，每次每亩用生石灰 20 公斤或漂白粉 1 公斤，化水全池泼洒，泼洒渔药时间要和施肥错开。二是要定期配制药饵投喂，减少病害的发生机会。

## 5. 捕捞

成鱼采取分期分批、捕大留小的轮捕方法，8 月下旬起开始用大眼拉网将尾重达到 1 公斤以上的成鱼捕出上市，维持适当的养殖密度。坚持用大眼拉网、丝网捕鱼，全年尽量不干塘捕鱼，防止黄鳝受伤，尤其是冬季以防冻伤黄鳝。

对于黄鳝的捕捞，则要根据市场行情捕捞上市，一般要求将 150 克以上的黄鳝捕捞上市，捕大留小，捕捞方法有罾网诱捕、鳝笼诱捕等。

# 第二节　黄鳝和泥鳅套养

## 一、鳅鳝池的改造

饲养黄鳝、泥鳅的池子，要选择在避风向阳，环境安静，水源方便的地方，要求土质坚硬，将池底夯实，池深 0.7～1 米，水深保持在 20～35 厘米，池底需填充厚 30 厘米含有机质较多的肥泥层，有利于黄鳝和泥鳅挖洞穴居。建池时注意安装好进水口、溢水口。进水口、溢水口均用筛网扎好，以防黄鳝和泥鳅外逃。

## 二、选好黄鳝、泥鳅种苗

水产养殖的种苗是关键，在养殖黄鳝和泥鳅等名优水产品时，它们的种苗更是关键。黄鳝种苗最好用人工培育驯化的深黄大斑鳝或金黄小斑鳝品种，不能用杂色鳝苗和没有通过驯化的鳝苗。黄鳝苗大小以每公斤 50～80 条为宜，太小摄食力差，成活率也低。黄鳝放养 20 天后再投放泥鳅苗，泥鳅苗最好要人工养殖繁殖的，品种以黄鳅为主。

## 三、放养密度

以黄鳝养殖为主，泥鳅套养为辅，放养密度一般以每平方米放鳝苗 1～1.5 公斤为宜。泥鳅放养的密度按黄鳝的 1/10 比例进行套养。

## 四、科学投喂

在鳝鳅套养时，主要是以投喂黄鳝为主，泥鳅在池塘里主要以黄鳝排出的粪便和吃不完的黄鳝饲料为食就完全可以满足它们的营养需求了，不必另外投饵。

人工池塘饲养黄鳝时主要以配合饲料为主，适当投喂一些蚯蚓、河蚬、螺蚌、黄粉虫等。投喂方法是按照

"四定"原则进行，为了提高饲料的利用率和更好地查看鳝鳅的生长，可通过安装的饲料台进行投喂，饲料台用木板或塑料板都行，面积按池子大小自定，低于水面5厘米。

## 五、加强管理

黄鳝、泥鳅生长季节为 4～11 月份，其中生长旺季为 5～9 月份，在这期间的管理要做到"勤"和"细"，即勤巡池、勤管理、发现问题快解决；细心观察池塘的黄鳝和泥鳅的生长动态，以便及时采取相应措施。一是做好水质监管工作，保持池水水质清新，酸碱度 pH 值为6.5～7.5。二是保持水位适合，相对稳定，因为过深的水位对黄鳝的生长是不利的。

## 六、预防疾病

无论是黄鳝还是泥鳅，它们一旦发病，治疗效果往往不理想。因此必须坚持"无病先防、有病早治、防重于治"的原则，做好鳝鳅疾病的预防治工作。

一是定期用 1～2 毫克/升的漂白粉全池泼洒；二是定期用硫酸铜、鱼病灵等药物全池消毒，预防疾病；三是在每年春、秋季节用晶体敌百虫驱虫；四是一定要做好泥鳅的管理工作，因为在黄鳝养殖池里套养泥鳅，泥鳅在养殖池塘里上下串动，可吃掉水体里的杂物，能起到净化水质，增加溶氧的作用，对于黄鳝的疾病预防也是非常有好处的。

# 第三节　黄鳝与福寿螺混养技术

## 一、混养原理和优势

现在农村中草类资源非常丰富，是养殖福寿螺的最佳且低廉的饲料，经过食物转化后，这些不起眼的草类都会变成营养丰富、味道鲜美、个头丰腴的福寿螺，而福寿螺既是餐桌上的美味佳肴，那些不上规格的小螺又是黄鳝直接取食的对象，成为黄鳝鲜美的饲料。

这种混养的模式是在池塘中放养福寿螺和黄鳝，利用福寿螺以草料为食的优点，加上它的生长速度快，繁殖率极高，能快速地繁殖出众多的小螺供黄鳝捕食，而一些大一点的福寿螺壳薄肉肥，产量高，既可以敲碎直接用来投喂黄鳝，也可以将福寿螺直接捕捞上市出售，都可以获得不菲的效益。因此黄鳝的饲料基本上就能全部解决，不再需要其他的饲料费用。

而福寿螺除了能吃草料外，也吃一些鳝池底部的有机碎屑，这对改善鳝池的底质环境，减少病害的发生是有非常重要的作用的。

## 二、鳝螺池的改造

饲养黄鳝、福寿螺的池子，要选择在避风向阳、环境安静、水源方便的地方，用砖把全部养殖面积砌成防逃池，中间挖池时空出"井"字形的田埂，以便黄鳝的

深居、栖息。要求土质坚硬，将池底夯实，池深 0.7～1
米，水深保持在 40～55 厘米，池底需填充厚 10 厘米含
有机质较多的肥泥层，有利于黄鳝和福寿螺的生活。建
池时注意安装好进水口、溢水口。进水口、溢水口均用
密铁丝网扎好，以防黄鳝和福寿螺的外逃。

## 三、选好黄鳝、福寿螺种苗

　　水产养殖的种苗是关键，在养殖黄鳝和福寿螺等名
优水产品时，它们的种苗更是关键。在每年 5 月上旬放
养经越冬的种螺，福寿螺的质量要求规格一致，体壮健
康，无伤残螺壳等现象。黄鳝种苗是在 6 月下旬选择由
鳝笼捕捉的黄鳝做种苗。也可以放养经人工培育驯化的
深黄大斑鳝或金黄小斑鳝品种，不能用杂色鳝苗和没有
通过驯化的鳝苗。黄鳝苗大小以每公斤 50～80 条为宜，
太小摄食力差，成活率也低。

## 四、放养密度

　　黄鳝的放养密度也是分两种情况的，如果是放养由
鳝笼捕捉的种苗的话，每平方米放养 0.3～0.5 公斤，
如果是放养当年繁殖的小鳝苗，一般以每平方米放鳝苗
1～1.5 公斤为宜，福寿螺的放养密度是每平方米放养
5 只。

## 五、科学投喂

### 1. 黄鳝的投喂

在进行鳝螺混养时，根据鳝螺的食性，一般只要投喂福寿螺的饵料就可以了，饲料来源主要有各种草、菜叶、瓜果皮等。而黄鳝由于有足够的福寿螺及不断繁育的小螺供黄鳝食用，因此不需要投放其他饲料。在投喂的过程中，还要根据黄鳝的生长情况和池内福寿螺的密度情况，如果发现池内的福寿螺密度较高或个体较大时，这时可用抄网捕捉一些福寿螺，敲碎后再投入池子里供黄鳝吃食。

### 2. 福寿螺的投喂

（1）饲料种类：福寿螺属于杂食性螺，它的食性很广，摄食方式为舔刮式。在自然界中，福寿螺主要摄食植物性饲料，主食各种水生植物、陆生草类和瓜果蔬菜，如青萍、紫背浮萍、各种水草、水浮莲、水花生、水葫芦、水果、果皮、冬瓜、南瓜、西瓜、茄子、蕹菜、青菜、白菜、青草和浮游动物等。在人工养殖时，也吃人工饲料，如米糠、麦麸、玉米面、蔬菜、饼粕类饲料、下脚料和禽畜粪便等，在食物缺乏的时候也摄食一些残渣剩饵和腐殖质及浮游动植物等。

（2）投喂技术：饲料投喂也要像养鱼一样，采用"四定"法，即定时、定点、定质、定量。

定时：在饲养其间，一般每天投喂两次，由于福寿螺厌强光，白天活动较少，夜晚多在水面摄食，因此，投喂时间应为早上 5～6 点和傍晚 17～18 点，傍晚投饲量占全天的 2/3，早上投饲量占 1/3。

定量：在整个养殖过程中，应掌握"两头轻，中间重"的原则，春秋两季水温较低，日投饵量约占螺体重的 6％左右，夏季水温高，福寿螺的摄食能力增强，日投饵量约占螺体重的 10％左右。每日的具体投饵量通常采用隔日增减法，即根据前一天的吃食情况及剩余饵料多少来决定当天的投喂量，注意既要保证福寿螺吃饱吃好，又要注意不可过剩，以免腐烂沤臭水质。

定质：在投喂饲料时，应以青料为主、精料为辅，投喂过程中要先投喂芜萍、浮萍、苦草、轮叶黑藻、陆生嫩草、青草、菜叶等青饲料，待吃光后再投喂米糠、麸皮、豆饼粉、玉米面、酒糟、豆腐渣等精料。要求所投喂的饵料新鲜、不霉烂、不变质，精细搭配合理，青饲料投喂量占总投喂量的 80％，精饲料占 20％。

定点：投喂幼螺饵料时要求全池遍洒，保证幼螺尽可能都采食；投喂成螺时，可采取定点定位投饲，视每池的大小，确定固定的十来个投饲点。

## 六、加强管理

黄鳝、福寿螺的生长季节为 4～11 月份，其中生长旺季为 5～9 月份，在这期间的管理要做到"勤"和"细"，即勤巡池、勤管理、发现问题快解决；细心观察池塘的黄鳝和福寿螺的生长动态，以便及时采取相应措施。

一是做好福寿螺的强化培育和水质监管工作，在强化培育福寿螺的过程中，一定要投足新鲜的草料、浮萍、芜萍、菜叶和瓜果皮等，并经常灌注新水，保持池水水质清新，酸碱度 pH 值为 6.5～7.5，繁殖强化培育福寿螺。

二是保持养殖池的水位适合，相对稳定，因为过深的水位对黄鳝的生长是不利的，与此同时要做好黄鳝的防逃工作。

## 七、预防疾病

主要是对黄鳝进行疾病的预防治，必须坚持"无病先防，有病早治、防重于治"的原则，做好黄鳝疾病的预防治工作。

一是定期用 1～2 毫克/升的漂白粉全池泼洒；二是定期用硫酸铜、鱼病灵等药物全池消毒，预防疾病；三是在每年春、秋季节用晶体敌百虫驱虫。

通过黄鳝和福寿螺的混养，在养殖池中形成福寿螺吃草、菜、萍、瓜果皮，鳝吃螺的水面养螺、水底养鳝的生态综合养殖，提高了养殖业的经济效益。

# 第六章 稻田养殖黄鳝

利用稻田养殖黄鳝，成本低，管理容易，既增产稻谷，又增产鳝，是农民致富的措施之一。

稻田养殖黄鳝是利用一季中稻田实行种植与养殖相结合的一种新的养殖模式，稻田养殖黄鳝，可以充分利用稻田的空间、温度、水源及饵料优势，促进稻鳝共生互利、丰稻增鳝，大大提高稻田综合经济效益。掌握科学的饲养方法平均每亩可产商品黄鳝30～40公斤，产值增加800～1200多元。规格为15～20条/公斤的优质黄鳝种苗经饲养4～6月，即可长至100～150克。一方面，稻田为黄鳝的摄食、栖息等提供良好的生态环境，黄鳝在稻田中生活，能充分利用稻田中的多种生物饵料，包括水蚯蚓、枝角类、紫背浮萍以及部分稻田害虫。另一方面，黄鳝的排泄物对水稻的生长起追肥作用，可以减少农户对稻田的农药、肥料的投入，降低成本。

## 一、稻田的选择

选择通风、透光、地势低洼、进排水方便、土壤保水保肥性能良好的中稻田，能确保天旱不干涸、洪涝不泛滥，面积不超过5亩为宜。

## 二、做好田间工程

一是在秧苗移栽前将田块四周加高，达到不渗水漏水，使其高出田基 20～30 厘米；二是在田块四周内外挖一套围沟，其宽 5 米，深 1 米；三是在田内开挖多条"弓"或"田"字形水沟，宽 50 厘米，深 30 厘米，并与四周环沟相通，以利于高温季节黄鳝打洞、栖息，所有沟溜必须相通。开沟挖溜在插秧后，可把秧苗移栽到沟溜边。池四周栽上占地面积约 1/4 的水花生作为黄鳝栖息场所。

## 三、做好防逃措施

一是搞好进排水系统，并在进排水口处安装坚固的拦鳝设施，用密眼铁丝网罩好，以防逃鳝；二是稻田四周最好构筑 50 厘米左右的防逃设施，可以考虑用水泥板（70×40）平方厘米，衔接围砌，水泥板与地面成 90°角，下部插入泥土中 20 厘米左右。如果是粗养，只需加高加宽田埂注意防逃即可；三是简易防逃设施的建造方法，将稻田田埂加宽至 1 米，高出水面 0.5 米以上，在埂壁及田边底交接处用油毡纸铺垫，上压泥土，与田土连成一片，这种设施造价低，防逃效果好。

## 四、肥料的施用

稻田养殖黄鳝采取"以基肥为主、追肥为辅；以有机肥为主，无机肥为辅"的施肥原则。基肥以有机肥为主，于平田前施入，按稻田常用量施入农家肥，追肥以无机肥为主，禾苗返青后至中耕前追施尿素和钾肥 1 次，每平方米田块用量为尿素 3 克，钾肥 7 克。抽穗开花前追施人畜粪 1 次，每平方米用量为猪粪 1 公斤，人粪 0.5 公斤。为避免禾苗疯长和烧苗，人畜粪的有形成分主要施于围沟靠田埂边及溜沟中，并使之与沟底淤泥混合。身苗的移栽适期为 6 月中旬，一般在身苗移栽 1 周，田内水质稳定后即可投放鳝种。

## 五、苗种的投放

鳝种的投放时间集中在 4 月中下旬一次性放足，鳝种的投放要求规格大而整齐、体质健壮、无病无伤，由于野生黄鳝驯养较难，最好选择人工培育的优良鳝种，如深黄大斑鳝等。鳝种的投放要力争在 1 周内完成。稻田放养的黄鳝规格以 5～30 厘米为好。放养密度一般为每亩 500 尾，如果饵源充足、水质条件好、养殖技术强，可以增加到 700 尾。鳝种入田前用 3％～5％的食盐水浸泡 10～15 分钟消毒体表或用 5 毫克/升的福尔马林药浴 5 分钟，杀灭水霉菌及体表寄生虫，防止鳝苗带病入田。

## 六、田水的管理

稻田水域是水稻和黄鳝共同的生活环境，稻田养鳝，水的管理主要依据水稻的生产需要兼顾黄鳝的生活习性，多采取"前期水田为主，多次晒田，后期干干湿湿灌溉法"。盛夏加足水位到 15 厘米；坚持每周换水一次，换水 5 厘米；在换水后 5 天，每亩用生石灰化浆后趁热全田均匀泼洒；8 月下旬开始晒田，晒田时降低水位到田面以下 3～5 厘米，然后再灌水至正常水位；对水稻拔节孕穗期开始至乳熟期，保持水深 5～8 厘米，往后灌水与露田交替进行，直到 10 月中旬；露田期间要经常检查进出水口，严防水口堵塞和黄鳝外逃；雨季来到时，要做好平水缺口的管理工作。

## 七、科学投饵

### 1. 饲料种类

黄鳝为肉食性鱼类，主要饲料有小杂鱼、小虾、螺、蚌、蚯蚓、蚬肉、蝇蛆、鲜蚕蛹、切碎的禽畜内脏及下脚料。可适当搭配麦芽、豆饼、豆渣、麸皮、发酵酸化的瓜果皮，还可适当投喂混合饲料。在这些饲料中，以蚯蚓、蝇蛆为最适口饲料。还可以在稻田中装 30～40W 黑光灯或日光灯引诱昆虫喂黄鳝。

### 2. 投喂方法及数量

在黄鳝进入稻田后，先饥饿 2～3 天再投饵，投喂饲料要坚持"四定"的原则。

定点：饵料主要定点投放在田内的围沟和腰沟内，每亩田可设投饵点 5～6 处，会使黄鳝形成条件反射，集群摄食。

定时：因为黄鳝有昼伏夜出的特点，所以投饵时间最好掌握在 17～18 时左右就可以了，对于稻田养殖黄鳝时，也不一定非得驯食在白天投喂。

定量：投喂时一定要根据天气、水温及残饵的多少灵活掌握投饵量，一般为黄鳝总体重的 2%～4%。如投喂太多，则会胀死黄鳝，污染水质；投喂太少，则会影响黄鳝的生长。当气温低、气压低时少投；天气晴好，气温高时多投，以第二天早上不留残饵为准。10 月下旬以后由于温度下降，黄鳝基本不摄食，应停止投饵。

定质：饵料以动物性蛋白饲料为主，力求新鲜不霉变。小规模养殖时，可以采取培育蚯蚓、豆腐渣育虫、利用稻田光热资源培育枝角类等活饵喂鳝。

稻田还可就地收集和培养活饵料，例如可采取沤肥育蛆的方法来解决部分饵料，效果很好，用塑料大盆 2～3 个，盛装人粪、熟猪血等，置于稻田中，会有苍蝇产卵，蝇蛆长大后会爬出落入水中供黄鳝食用。

## 八、科学防病

一是稻田养鳝，黄鳝能摄食部分田间小型昆虫（包括水稻害虫），故虫害较少，须用药防治的主要稻病为穗颈瘟病和纹枯病（白叶枯病）。防治病虫害时，应选择高效低毒农药如井冈霉素、杀虫双、三环唑等。喷药时，喷头向上对准叶面喷施，并采取加高水位，降低药物浓度或降低水位，只保留鳝沟、鳝溜有水的办法，防止农药对黄鳝产生不良影响。

二是在黄鳝入田时要严格进行稻田、鳝种消毒，杜绝病原菌入田。

三是在鳝种搬动、放养过程中，不要用干燥、粗糙的工具，保持鳝体湿润，防止损伤，若发现病鳝，要及时捞出，隔离，防止疾病传播，并请技术人员或有经验的人员诊断、治疗。

四是对黄鳝的疾病以预防为主，一旦发现病害，立即诊断病因，辨症施治科学用药。

五是定期防病治病，每半月一次用生石灰或漂白粉泼洒四周环沟，或定期用漂白粉或生石灰等消毒田间沟，以预防鳝病。①生石灰挂篓，每次 2～3 公斤，分 3～4 个点挂于沟中；②用漂白粉 0.3～0.4 公斤，分 2～3 处挂袋。

六是定期使用痢特灵或鱼血散等内服药拌饲投喂，以防肠炎等病。

七是坚持防重于治的原则，鳝池水浅，要常换新水，保持水质清新。

## 九、捕鳝上市

稻田养鳝的成鳝捕捞时间一般在 10 月下旬至 11 月中旬开始，尤其是在元旦、春节销售的市场最好，价格最高。黄鳝捕获方法很多，可因地制宜采取相应捕获措施。

一是捕捉时，先慢慢排干田中的积水，并用流水刺激，在鳝沟处用网具捕获，经过几次操作基本上可以捕完 90％以上的成鳝；二是用稻草扎成草把放在田中，将猪血放入草把内，第二天清晨可用抄网在草把下抄捕；三是用细密网捕捞；四是放干田水人工干捕，当然，干捕时黄鳝极易打洞，这时配合挖捕可基本上捕完黄鳝。挖捕就是从稻田一角开始翻土，挖取黄鳝。不管是网捞还是挖取，都尽量不要让鳝体受伤，以免降低商品价值。

# 第七章　网箱养殖黄鳝

黄鳝网箱养殖是一种新型的特种水产养殖技术，具有投资省、占用水面少、规模可大可小、管理方便、生长速度快、放养密度大、成活率高、不受水体大小限制、效益高等有利因素，同时又不影响养鳝产量，还能充分利用水体，大幅度提高经济效益。一般每平方网箱可产黄鳝 5 斤左右，利润 100 元左右，是农民增收的有效途径之一，这项技术发展非常迅速，每年在成倍的增长。

采用网箱养殖的方式进行黄鳝养殖现在还处在技术发展阶段。网箱养殖适合在大的水体中进行，主要优点是水流通过网孔，使箱体内形成一个活水环境，因而水质清新，溶氧丰富，可实行高密度精养。

## 一、网箱养鳝的优势

网箱养黄鳝是近年来发展起来的一项高科技养殖项目，根据生产实践，发现采用网箱养殖黄鳝具有以下优势：

一是单个网箱投资较小。一般一口底面积为 15 平方米的网箱，制作成本在 250 元以内，一次性投入不大，而且还可使用 3 年左右。

但是如果是大面积网箱养殖时，网箱养黄鳝和所有养殖业一样同样存在风险，因为在网箱里的黄鳝是高度密集的，在遇到疾病、气候突然变化时所造成的损失也就很大。所以发展网箱养黄鳝，必须有敢于承担风险的思想准备。另外网箱养黄鳝一次性投入也比较高，如果使用钢制框架和自动投饵设备，造价还是不便宜的。另外，网箱养殖黄鳝全是依靠投喂饲料，一日无粮，一天不长，所以每亩产量若为 5 万公斤，那么就要有 7.5 万公斤饲料预支，这笔资金将不低于 40 万元。

二是方便在渔塘及其他水域中开展黄鳝养殖。在渔塘中设置网箱，养鱼养鳝两不误，不占耕地，可有效利用水面，只要合理安排，对池塘养鳝没有明显影响，而且机动灵活、适应家庭养殖，便于均衡上市、储存，是农村致富的好门路。另外用网箱养黄鳝，还能把不便放养、很难管理和无法捕捞的各类大、中型水体用来养鳝，不与农业争土地，又开发了水域渔业生产力。

三是有优良的水环境，网箱一般都设在水面宽广、水流缓慢，水质清新的大中水域的水面，其环境大大优于池塘，溶氧量保证在 5 毫克/升以上，密集的黄鳝群体可以定时得到营养丰富的食物，又不必四处游荡，所以可以心宽体胖，长足身量。

四是黄鳝的养殖规模可大可小。网箱养殖可根据自身的经济条件和技术条件，规模可大可小，小规模可以从一只到十来只网箱，大规模养殖可以是数百只甚至数千只以上，投资也可以从几百元到上百万元均可。

四是操作管理简便。网箱是一个活动的箱体，可以根据不同季节，不同水体灵活布设，拆迁都十分方便。由于网箱占地不大，可以集中在一片水域集中投喂，集中管理。而且网箱养黄鳝只需移植水草，劳动强度小，平时的养殖主要是投喂饲料和防病防逃，发现鳝病，可以统一施药。在养殖到一定阶段，也便于捕大养小，随时将够商品规格的及时送往市场，这样一方面可以均衡黄鳝上市，还疏散了网箱密度，让个体小的黄鳝快速长成。

五是水温容易控制。养黄鳝的网箱放置于池塘、水库等水域中，既可以用浮水式网箱，也可以用沉水式网箱，由于网箱所处的水体较宽大，在夏季炎热时箱内的水温不会迅速上升，更不容易达到30℃以上的高温。

六是养殖成活率高。网箱养殖由于水质清新，水温较为稳定，因而养殖成活率较高。

## 二、养殖用具

用于网箱养殖黄鳝的用具还是有讲究的，马虎不得。根据生产上的要求，这些养殖用具是不能缺少的。首先是养殖的主体，就是网箱和黄鳝苗种；其次是向网箱里喂食和定期检查、巡箱用的的小船，进排水用的大口径三相水泵等服务性器材；再次是装运黄鳝的篓子、木桶、盆、果箱等；第四是饵料鱼、饲料、把鱼绞碎用的绞肉机、用来冷冻饲料的冰柜等饲料方面的用具；最后就是还有一些其他附属用品，包括固定网箱用的沉子、毛竹、挂网箱的 8～12 号铁丝、药物等。

## 三、水域选择

只要那些水位落差不大、水质良好无污染、受洪涝及干旱影响不大、水体中无损害网箱的鱼类或水生动物、水深 1～2.5 米的水域均可考虑设立网箱，无论是静水的池塘还是微流水的沟渠或水库均可设置网箱来养殖黄鳝。在各类型的水域中，用来进行人工网箱养殖黄鳝的，还是以池塘最为适宜，其次是水位稳定的河沟、湖汊和库湾。

## 四、大水面网箱设置地点的选择

网箱养殖黄鳝密度高，要求设置地点的水深合适、水质良好、管理方便，在河汊、塘堰、水库、湖泊等水域均可放置网箱养鳝。这些条件的好坏都将直接影响着网箱养殖的效果，在选择网箱设置地点时，都必须认真加以考虑。

### 1. 周围环境

要求设置地点的承雨面积不大，应选在避风、向阳，阳光充足，水质清新、风浪不大、比较安静、无污染、水量交换量适中、有微流水，周围开阔没有水老鼠，附近没有有毒物质污染源，同时要避开航道、坝前、闸口等水域。

## 2. 水域环境

水域底部平坦，淤泥和腐殖质较少，没有水草，深浅适中，长年水位保持在 2～6 米，水域要宽阔，水位相对要稳定，水流畅通，长年有微流水，流速 0.05～0.2 米/秒。

## 3. 水质条件

养殖水温变化幅度在 18～32℃ 为宜。水质要清新、无污染。溶氧在 5 毫克/升以上，其他水质指标完全符合渔业水域水质标准。

## 4. 管理条件

要求离岸较近，电力通达，水路、陆路交通方便。

## 五、大水体网箱的设置

养鳝网箱种类较多，按敷设的方式主要有浮动式、固定式和下沉式三种。养殖黄鳝多用封闭式浮动网箱。封闭浮动式网箱由箱体、框架、锚石、锚绳、沉子、浮子五部分组成。

## 1. 箱体

箱体是网箱的主要结构，通常用竹、木、金属线或合成纤维网片制成箱体。生产上主要用聚乙烯网线等材料，编织成有结节网和无结节网 2 种。所编织的网片可以缝制成不同形状的箱体。为了装配简便，利于操作管理和接触水面范围大，箱体通常为长方形或正方形。箱体面积一般为 5～30 平方米，以 20 平方米左右为佳，网长 5 米、宽 3 米、高 1 米，其水上部分为 40 厘米，水下部分为 60 厘米。网质要好，网眼要密，网条要紧，以防水鼠咬破而使黄鳝逃跑。网箱可选用网目 1～3 厘米聚乙烯，网箱箱面 1/3 处设置饵料框。

## 2. 框架

采用直径 10 厘米左右的圆杉木或毛竹连结成内径与箱体大小相适应的框架，利于框架承担浮力把网箱漂浮于水面，如浮力不足可加装塑料浮球，以增加浮力。

## 3. 锚石和锚绳

锚石是重约 50 公斤左右的长方形毛条石。锚绳是直径为 8～10 毫米的聚乙烯绳或棕绳，其长度以设箱区最高洪水位的水深来确定。

## 4. 沉子

用 8～10 毫米的钢筋、瓷石或铁脚子（每个重 0.2～0.3 公斤）安装在网箱底网的四角和四周。一只网箱沉子的总重量为 5 公斤左右。使网箱下水后能充分展开，保证实际使用体积和不磨损网箱为原则。

## 5. 浮子

框架上装泡沫塑料浮子或油筒等做浮子，均匀分布在框架上或集中置于框架四角以增加浮力。

## 6. 安置

网箱有浮动式和固定式各两种，即敞口浮动式和封闭浮动式，敞口固定式和封闭投饲式。目前采用最广泛的是敞口浮动式网箱。各种水域应根据当地特点，因地制宜地选用适宜规格的网箱，并安置在流速为 $0.05\sim0.2$ 米/秒的水域中。敞口浮动式网箱，必须在框架四周加上防逃网。敞口固定式的水上部分应高出水面 0.8 米左右，以防逃鳝。所有网箱的安置均要牢固成形。网箱设置时，先将四根毛竹插入泥中，然后网箱四角用绳索固定在毛竹上。四角用石块做沉子用绳索拴好，沉入水底，调整绳索的长短，使网箱固定在一定深度的水中，可以升降，调节深浅，以防风浪水流将网箱冲走，确保网箱养黄鳝的安全。网箱放置深度，根据季节、天气、水温而定；春秋季可放到水深 $30\sim50$ 厘米，$7\sim9$ 月份天气热，气温高，水温也高，可放到 $60\sim80$ 厘米深。

网箱设置时既要保证网箱能有充分交换水的条件，又要保证管理操作方便。常见的是串联式网箱设置和双列式网箱设置。网箱地点应选择在上游浅水区。设置区的水深最少在 2.5 米以上。对于新开发的水域，网箱的排列不能过密。在水体较开阔的水域，网箱排列的方式，可采用"品"字形、"梅花"形或"人"字形,网箱的间距应保持 3~5 米。串联网箱每组 5 个,两组间距 5 米左右,以避免相互影响。对于一些以蓄、排洪为主的水域,网箱排列以整行、整列布置为宜,以不影响行洪流速与流量。

安装时把箱体连同框架、锚石等部件,一并运到设箱区,入水时先下框架,后缚好锚绳、下锚石,固定框架,而后把网箱与框架扎牢。网箱的盖网最好撑离水面,这样盖网离水,可达到有浪则湿,无浪则干,干干湿湿,水生藻类无法固定生长,保持网箱表面与空气良好的接触状态。如网箱盖网不撑离水面,则要定期进行冲洗。

## 六、池塘网箱与设置

鱼池网箱养殖黄鳝,就是将网箱设置在理想的鱼池中进行,所以鱼池是网箱养殖黄鳝的栖息环境,环境条件的好坏,会直接影响黄鳝的生长,因此它对鱼池也有一定的要求。

(1)池塘大小:在池塘里设置网箱来养殖黄鳝,由于网箱需要通过风浪作用来达到水体的流通,因此池塘面积以 4000~8000 平方米为好,鱼池的形状尽量为长方形,长宽比为 2:1 或 3:2。

(2)环境:黄鳝生性喜温、避风、避光、怕惊,设置网箱养殖黄鳝的水体要求无污染、进排水方便、避风向阳、便于管理、池底要平坦、外界干扰少、水位相对稳定。池水深度要求为 100~180 厘米,池埂的横、纵向要有 2 米的宽度，便于人工活动操作。

（3）鱼池方向为东西向，这样可增加鱼池日照时间，溶氧充足，有利于鱼池中浮游植物的光合作用，对提供溶解氧有利。另外东西向对避风有好处，可减少南北风浪对鱼埂冲刷和网箱的拍打。

（4）池塘里网箱的规格：网箱一般为长方形或正方形，其体积大小因所养鳝苗多少而定，一般为 10～20 平方米左右为好，太大不利管理，而太小则相对成本较高。网箱高度为 80～100 厘米，一般网箱保持在水下 50 厘米、水上 50 厘米左右处。由于黄鳝的钻劲比较大，建议多采用双层网箱。

（5）网箱的构造与制作：网箱由网衣、框架、撑桩架、沉子及固器（锚、水下桩）等构成。网衣常用网片制成，网目规格为 30 目左右（0.3～0.5 厘米），为无结节网片，即渔业上暂养夏花鱼种的网箱材料和规格。网箱可采用框架式网箱或无框架网箱，无框架网箱要将箱体用毛竹等固定，即在网箱的四角打桩，将网箱往四个方向拉紧，使网箱悬浮于水面中。网箱的底部固定很重要，一般用石笼或用绳索将网箱的底部固定。网箱上四角连结在支架的上下滑轮上，便于网箱升降、清洗、捕鳝。

（6）网箱密度：网箱可并排设置在池塘中，群箱架设还要考虑箱与箱的间距和行距，一般间距要求在 1 米左右，行距在 2 米左右，两排网箱中间搭竹架供人行走及投饲管理。

限制池塘设立网箱数量的主要因素是水质。一般情况下，静水池塘设立网箱的总面积以不超过池塘总面积的 25%为宜；有流动水的池塘，其网箱面积可达池塘总面积的 45%左右，但同时应依据以下几方面情况而综合考虑面积的增减：池塘水源好，排换水容易可多设；池塘内不养鱼或养鱼密度低可多设；养殖耐低氧鱼类（如鲫鱼）的池塘可多设。反之，则应适度控制网箱的设立面积。若网箱设置过密，易污染水质，病害易发生。

（7）网箱设置：在水深 0.8 米以上的池塘中，新做的网箱还应提前放入水中几天待其散发出来的有害物质消失后才能进行下一步的操作。网箱在苗种入箱前 5～7 天下水，有利于鳝种进箱前在箱内形成一道生物膜，能有效避免鳝种摩擦受伤。

## 七、放养前的准备

（1）饲料要储备：黄鳝进箱后 1～2 天内就要投喂，因此，饲料要事先准备好。饲料要根据黄鳝进箱的规格进行准备，如果进箱规格小，未经驯食或驯食不好，应准备新鲜的动物性饲料。反之，进箱规格大，已经驯食，应准备相应规格的人工颗粒饲料。

（2）安全要检查：网箱在下水前及下水后，应对网体进行严格的检查，如果发现有破损、漏洞，马上进行修补，确保网箱的安全。

（3）着生藻类：用于养鳝的网箱应提前安放入塘，利于藻类着生而使网布光滑，避免擦伤鳝体。

（4）设置水草：网箱在挂好之后需配置水草，4～

5月份就可以放水草了，最好是水花生、水葫芦等，具体用哪种草可以因地制宜，其覆盖面积应占网箱面积的70%～85%，且水草布设紧密没有空隙，把水葫芦撒放在网箱里，根须浸入水中即可，尽量多放，一般5天之后水草就能直立起来，为黄鳝的生长栖息提供一个良好的环境，供黄鳝遮阴、栖息。

水花生在投放前洗净，并用5%食盐水浸泡10分钟，以防止水蛭等有害生物或虫卵带入网箱。

## 八、鳝种放养

### 1. 鳝种的来源与选择

养黄鳝，种苗是关键。鳝种的来源有二个，一是在每年的4～10月在稻田和浅水沟渠中用鳝笼捕捉。二是从市场上采购。无论是自捕还是购买，都要挑选无伤残，体质健壮的鳝种，都以笼捕为好，要剔除钩捕、钩钓、电捕及肛门淡红色而患有肠炎病的鳝种，这类鳝种因体内有伤，成活率极低，即使不死，生长也极其缓慢，故一定要挑选无病无伤的鳝种放养。

黄鳝依其体色一般可分为三种，一种是体色黄色并夹杂有大斑点，增肉倍数为1：(5～6)，生长较快，以此作养殖品种较佳。第二种为体表青黄色，第三种体灰色且斑点细密，后二种生长速度缓慢，增肉倍数为1：(1～3)，故不宜人工养殖。

在选择时，不能用杂色鳝苗和没有通过驯化的鳝苗，更不能相信广告上宣称的所谓"特大鳝"、"泰国特大鳝"等骗局。

## 2. 放养

鳝种放养时，一只网箱一次性放足，一般每平方米可放养规格 25～50 厘米的鳝种 1～2 公斤，每只网箱放养 20～40 公斤。黄鳝因有相互残食的习性，故放养时规格要尽量整齐一致为宜。

鳝苗放养时要消毒，以提高苗种的体质和抗应激能力，提高苗种入箱后的成活率及提早开食。通常可以采用药物浸泡，消毒时水温差应小于 2℃，可用二氧化氯彻底消毒，浓度为 1 克/立方米；也可每吨水用鱼病灵 10～15 毫升，浸泡 15～25 分钟；鳝种放养前用 3‰～4‰ 的食盐水浸泡 10 分钟，在浸泡过程中，再次剔除受伤，体质衰弱的鳝苗，并进行大小分级。

另外每平方米搭配泥鳅 10 尾，可利用泥鳅上下游窜的习性，起到分流增氧作用，又可消除黄鳝的残饵，还能防治黄鳝因密度大在静水中相互缠绕，减少病害发生。

鳝种的收购和放养应选在 4～5 月初或 8～9 月，温度 20～25℃ 最适宜，温度超过 30℃ 放养，影响鳝种成活率。同时也要避开 5 月中旬至 7 月的黄鳝繁殖期，因为繁殖期收购的黄鳝因性成熟而容易死亡。

## 3. 配养鱼放养

为调节水质，每亩池塘放养鲢鱼种 80 尾，鳙鱼种 20

尾，平均规格为每尾 50 克。

## 九、科学投喂

黄鳝以肉食性为主，主要饲料是蚯蚓、蝇蛆、河蚌肉、昆虫、蚕蛹、田鸡、猪血块、小鱼虾等，辅加豆腐渣、饼渣等植物性饲料，将动物性饲料搅碎后与植物性饲料配合制成糊团状。养殖时应根据当地的饲料来源、成本等因素，选择 1～2 种主要饲料。

黄鳝苗放入网箱后 1～3 天不喂食，以使鳝种体内食物全部消化成为空腹，使其处于饥饿状态。从第 4～7 天开始投喂饲料，并进行驯食，如果驯化不成功就会导致养殖的失败，刚开始时以每天下午 6～7 时投喂饲料最佳，此时黄鳝采食量最高。经过驯食，逐步达到一天投饲 2 次，上午 9 时、下午 6 时各一次，两次投喂量分别为日投喂量的 1/3 和 2/3。日投喂量掌握在体重的 3%～5%。投放的饲料要新鲜，网箱中部分剩余的腐烂发臭的饲料应及时清除，否则易引发肠炎病。

在网箱养鳝的实践中，一般均是将饲料直接投放到箱内水草上，一般每 3～4 平方米设一个投料点。若箱内水草过于茂盛紧密，则投入的饲料便无法接近水面，此时可用刀将投料点水草的水面上的部分割掉或剪掉，也可使用工具将投料点的水草压下，使投入的饲料能够到达或接近水面。由于黄鳝喜欢聚集在投料点周围，造成投料点附近的黄鳝密度太高，因此，我们可每隔一段时间又将投料点移动一点位置，以便于黄鳝均匀分布。

— 121 —

　　具体每次投喂量的多少或是否投喂要根据"四看"来灵活掌握。一看天气：天气晴，水温适宜（21～28℃）可多投，阴雨、大雾、闷热少投或不投；秋冬水温低，还可稍喂些精饲料。二看水质：池塘或网箱中，水呈油绿、茶褐色，说明水体溶氧量多，可多喂饲料；水色变黑、发黄、发臭等，说明水质变坏，宜少投或不投饲料，并要及时采取相应措施。三看黄鳝大小：个体大，投饵多，个体小，投量少，并随个体生长逐渐加投饲料。四看吃食情况：所投料在 2 小时内吃完，说明摄食旺盛，下次投量应增加数量；如果没有人为和环境因素影响，4 小时后饲料还剩余很多，说明饲料投量过大，下次应减少投量，并要注意检查黄鳝是否发病。

　　黄鳝吃惯一种饲料后很难改变习惯再去吃另一种饲料，故应将其饲料固定几个品种，如蚯蚓、小鱼、蚌肉或动物内脏，以提高其生长速度。有条件时可投放活饵料，因其利用率高，不用清除残饵，对网箱污染少，有利于黄鳝的生长。

# 十、养殖管理

　　网箱养鳝的成败，在很大程度上取决于管理。一定要有专人尽职尽责管理网箱。实行岗位责任制，制订出切实可行的网箱管理制度，提高管理人员的责任心，加强检查，及时发现和解决问题等都是非常必要的。日常管理工作一般应包括以下几个方面。

## 1. 巡箱观察

网箱在安置之前，应经过仔细的检查。鳝种放养后要勤作检查。检查时间最好是在每天傍晚和第二天早晨。方法是将网箱的四角轻轻提起，仔细察看网衣是否有破损的地方。水位变动剧烈时，如洪水期、枯水期，都要检查网箱的位置，要勤检查，并随时调整网箱的位置。每天早、中、晚各巡视一次，除检查网箱的安全性能，如有破损，要及时缝补。更要观察鳝的动态，有无鳝病的发生和异常等情况，检查了解鳝的摄食情况和清除残饵，有无疾病迹象，及时治疗，一旦发现蛇、鼠、鸟应及时驱除杀灭。保持网箱清洁，使水体交换畅通。注意清除挂在网箱上的杂草、污物和附着藻类。大风来前，要加固设备，日夜防守。由于大风造成网箱变形移位，要及时进行调整，保证网箱原来的有效面积及箱距。水位下降时，要紧缩锚绳或移动位置，防止箱底着泥和挂在障碍物上。

## 2. 控制水温

黄鳝的生长适温为 15～30℃，最适温度为 22～28℃，因此夏季必须采取措施控制水温升高，在黄鳝网箱的四周种高大乔木，或架棚遮阳。冬季低温可将网箱转入小池饲养，可搭塑料薄膜保温或者利用温泉水、地热水等进行越冬，此举还可防止敌害。

### 3. 控制水质

网箱区间水体 pH 7～8，以适其生产习性。养殖期应经常移动网箱，20 天移动一次，每次移动 20～30 米远，这对防止细菌性疾病发生有重要作用。定期测定黄鳝的生长指标，及时为黄鳝的生产管理提供第一手资料。网箱很容易着生藻类，要及时清除，确保水流交换顺畅。要经常清除残饵，捞出死鳝及腐败的动、植物、异物，并进行消毒。

同时还要保持池塘里的水位稳定，夏季注意黄鳝的防暑工作，水位不宜过浅，防止水温过高而影响黄鳝的生长，在网箱内投入喜旱莲子草、凤眼莲、水浮莲等水生植物，可以有效地避暑。冬季池水温度降低，黄鳝停止摄食，进入冬眠状态，即时做好防冻越冬工作，此时，水位应浅些，保持水位 1.2 米深左右，而且在网箱上加盖塑料薄膜，有效避风防寒。

### 4. 鳝体检查

通过定期检查鳝体，可掌握黄鳝的生长情况，不仅为投饲提供了实际依据，也为产量估计提供了可靠的资料。一般要求 1 个月检查 1 次，分析存在的问题，及时采取相应的措施。

### 5. 防逃

网箱养鳝在防逃方面要求特别细致，粗心大意会造成逃鳝损失。

网箱养殖黄鳝,可能导致它逃跑的原因有以下几点:一是网箱本身加工粗糙,给黄鳝造成逃跑的机会,因此在最初加工制作网箱时,一定要力求牢固,网布连接缝合要求有2～3条缝线,网箱缝制时上下缘有绳索,底部四角尤其要牢固。二是网箱本身有破损,因此在网箱下水前再仔细检查,看是否有洞或脱线。在日常巡塘时就要经常检查网箱是否完好,发现破漏及时修补。三是固定网箱不牢固造成的逃跑事件,因此固定网箱的木柱及捆绑的绳索要牢固结实,以防网箱被风刮倒而逃鳝。四是溢水式逃跑,主要针对固定式网箱,它在池塘急速加水或遇到暴风骤雨时,由于水位突然升高,黄鳝就会逃跑。五是从网箱里的水草处逃跑,因此在巡塘时一旦发现箱沿水草过高时要及时割除。六是蛇害和鼠害,尤其是鼠害最严重,它会咬破网箱而导致黄鳝的逃跑,因此要及时消灭老鼠。七是防止人为破坏,平时要处理好养殖场的人际关系,做到和谐养殖、和谐发财。八是由于养鳝网布的孔眼小,藻类植物的大量着生会堵塞网眼,使箱内外的水体交换困难。因此应每隔一个月或视具体情况刷洗网壁,同时检查网箱是否有破洞。

## 6. 网箱保存与污物的清除

在黄鳝全部出售后,可将网箱起水后,洗刷干净晾干,折叠装于编织袋或麻袋中,放在阴凉处,避免太阳直射,严防老鼠或腐蚀性化学物质损害,管理得当,网箱可使用 3～4 年以上。如果网箱仍放置于池塘中，则应全部沉没于水中，以防冰冻造成破损。

网箱下水 3～5 天后，就会吸附大量的污泥，以后又会附着水绵、双星藻、转板藻等丝状藻类或其他着生物，堵塞网目，从而影响水体的交换，不利于黄鳝的养殖，必须设法清除。

## 7. 预防疾病与敌害

网箱养殖黄鳝，密度大，一旦发病就很容易传播蔓延。做好鳝病的预防，是网箱养殖成败的关键之一。按照"以防为主、有病早治"的原则进行病害防治。鳝病流行季节要坚持定期以药物预防和对食物、食场消毒。在网箱内放养螺蛳及利用滤食性鱼类、水草、换水等来调控水质进行生态防病，如发现死鳝和严重病鳝，要立即捞出，并分析原因，及时用高效、低毒、无残伤的药物进行治疗。

野生的黄鳝大都寄生有蚂蟥、毛细线虫、棘头虫等寄生虫，体表有寄生虫的，可用硫酸铜、硫酸亚铁合剂全池泼洒，浓度为 0.7 克/立方米；体内有寄生虫的，可用 90％的晶体敌百虫按每 50 公斤黄鳝拌喂 1～3 克，连续 3～6 天。

老鼠是网箱养鳝的最大敌害，经常将网箱咬破，使鳝逃走。可在网箱四周放若干束长头发吓鼠，效果颇佳。

### 8. 水草管理

网箱内水草的好坏，直接关系到黄鳝的成活和生长情况。平时要加强对水草的治虫施肥管理。每个月可少量施一次复合肥，以促进水草生长。

### 9. 越冬管理

网箱暂养黄鳝，一般最多在春节前后即已全部销售完毕，此时市场价格较高。若箱内黄鳝需进行越冬，则应在停食前强化培育，增强黄鳝体质。进入 11 月份以后，把网箱抬高，减少网箱底部与水草之间的空隙，同时要加大水草厚度，在水草上搭盖塑料膜，以减少霜冻水草的死亡，保持黄鳝的良好栖息场所。对于北方霜冻厉害的地区，则应考虑温室越冬而不应在池塘越冬。

黄鳝的越冬还可以采取带水越冬的方式，带水越冬时需要经常破冰，增加池水溶氧量。

## 十一、捕捞

捕捞网箱中的黄鳝是很简单的，提起网衣，将黄鳝集中一块，即可用抄网捕捞。因为网箱起网很简单，因此，可以根据市场的需求随时进行捕捞，没有达到上市规格的可以转入另一个网箱中继续饲养。

# 第八章  塑料大棚养鳝技术

用塑料大棚养殖黄鳝可以一年四季连续生产，尤其是一些农民在夏季黄鳝上市旺季以较低的价格大量收购体质健壮、无病无伤的黄鳝，放入塑料大棚内进行养殖或暂养，不但延长黄鳝生长期 3 个月，而且还解决了黄鳝的越冬问题，大大提高了黄鳝越冬成活率，等到元旦、春节期间黄鳝销价高时上市，差价一般为 20 元/公斤左右，效益相当可观。

由于黄鳝最适宜的生长温度是 27～30℃，在采用塑料大棚进行养殖时，一般情况下，是不用专设采暖设备的，在炎热的夏季还要想方设法降温，在春、秋两季，大棚内基本上都能保持这一温度。即使在寒冬，棚内温度也能平均达到 15℃以上，也不至于让黄鳝冻死。

## 一、安装塑料大棚

利用塑料大棚养殖黄鳝时，一个最基本的设施就是要及时安装塑料大棚。塑料大棚俗称冷棚，是一种简易实用的保温养殖设施，由于其建造容易、使用方便、投资较少，随着塑料工业的发展，被世界各国普遍采用。目前我国在进行塑料大棚养殖黄鳝时，基本上是利用竹木、钢材等材料，并覆盖塑料薄膜，搭成拱形棚，供黄鳝的养殖，这种养殖方式有利于防御自然灾害，能够延长黄鳝的生长周期，提高单位面积产量。

塑料大棚充分利用太阳能，有一定的保温作用，并通过卷膜能在一定范围调节棚内的温度和湿度。塑料大棚除了冬春季节用于黄鳝养殖的保温和越冬外，还可更换遮阴网用于夏秋季节的遮阴降温和防雨、防风、防雹等的设施栽培。

塑料大棚分单层和双层两种结构，材料选用竹竿、木材、钢筋均可，养殖黄鳝大棚的跨度一般以宽 10 米、长 40 米、肩高 1.2 米、脊高 2 米，拱架上覆盖薄膜，拉紧后膜的端头埋在四周的土里，拱架间用压膜线或 8 号铅丝、竹竿等压紧薄膜。冬季可在塑料棚上搭盖稻草帘，以利保温。

## 二、养殖池的修建

用于养殖黄鳝的养殖池都是在大棚里面修建的，池子可以是小土池，也可以是小型的水泥池，鳝池以圆形、方形均可，但一定要与塑料大棚相匹配。

根据各地鳝农采用塑料大棚养殖黄鳝的经验反馈，养鳝池一般要求选择在避风向阳、靠近水源的家宅附近，以含有机质较多、软硬松坚适度的壤土地质最好，利于黄鳝打洞潜伏。池子既可以是土池，也可以是水泥池，这要根据养殖户的经济状况和养殖水平来定。

## 1. 水泥池

水泥池的修建方式和一般的水泥池是一样的，池壁和池底都是用砖块砌成，再用水泥抹平。面积一般为10～20平方米，鳝池建成地上式、地下式、半地下式皆可，在侧壁对角各开一个进、排水口并用钢丝网或聚乙烯网封堵防逃。池高90～120厘米，顶部用砖砌成"T"形的防逃墙，以避免黄鳝爬壁或用尾钩住堤顶外逃。池底铺20厘米左右的底泥，在底泥中适当放些农作物秸秆、瓦片，还可适量种植浮游的水花生，以优化黄鳝养殖的生态环境。

## 2. 土池

土池的建造基本上和水泥池是一样的，每个池的面积为10～20平方米，池越小饲养、捕捉、管理等就越方便。只是它的底部和池壁不是用砖块砌的，底部是硬质泥土，覆盖25厘米左右含有机质丰富的壤土，内壁用三合灰做好，可在池内适当种植如茨菇、水白菜类的水生植物或放置石块、木棍等以备黄鳝穴栖、觅食和遮阴。

如果养殖规模比较大，还需再建造曝气池、沉淀池，增加一些净水、抽水、加温设备，以保证水源的充足供应。

## 三、鳝种的放养

### 1. 注水

池建好后，将总排水口塞好，灌满池水浸泡 5～7 天后将水放干，在鳝种投放前一周，按 1 平方米水面用生石灰 50～100 克用量消毒鳝池，彻底杀灭病原体，然后注水 10～15 厘米深，有条件的可保持池内微流水，这时即可放养。

### 2. 鳝种选择

选择体质健壮、规格整齐、无病无伤的鳝种是提高养鳝成效的关键。为此，一般选择人工繁殖场的鳝苗和笼捕或徒手捕捉的野生鳝种最理想。

### 3. 鳝种规格

鳝种的规格要求以每公斤 40～60 尾为宜。同池放养的鳝种必须是同批次、同规格的苗种，严防个体差异大而引起互相残杀，降低成活率。

### 4. 放养密度

鳝种放养的密度要根据投喂管理水平而定，一般每平方米放养 2～3 公斤种苗，若规格大可适当少放。

## 5. 放养时的注意事项

一是鳝种在放养前需要用 1%～2% 的食盐水浸浴消毒 10～15 分钟，目的是防止水霉病和杀灭黄鳝体表的寄生虫，浸浴时间的长短以黄鳝的承受能力灵活掌握。

二是同池的鳝种要大小一致，以避免大食小。

三是鳝种入池时一定要防止因水温温差过大而造成鳝种感冒或鳝种死亡。

## 四、投喂饲料

利用塑料大棚养殖黄鳝是一种集约化的养殖模式，因此对黄鳝进行投喂是一种最重要的工作。一般是在鳝种放养 2～3 天后，就要及时投喂饲料，由于黄鳝是肉食性鱼类，喜食新鲜的饲料且很贪食。

在人工饲养时应以水蚯蚓、蚯蚓、蝇蛆、螺蚌、蛙肉、小杂鱼或新鲜的蚕蛹和切碎的畜禽内脏等，放在饵料台内进行引食，并适当增大水流，也可兼喂饼块、粉麸、粉渣或其配合料等，饵料要求新鲜无毒，大小适口。

投料的原则要求做到"四定"：

一是定量。第一次的投饲量可为黄鳝总体重的 1%～2%，第二天早上检查，若能全部吃光，再投喂时可增加到黄鳝总体重的 2%～3%，以后可逐渐增加到 5% 左右。

二是定时。当黄鳝吃食正常后，每天在早上 6～7 时、下午 16～17 时各投饲 1 次就可以了，当然投料的最佳时间是傍晚的那一次，应该占当日投饵总量的

65％左右。

三是定质。随着食量的增加食量的增加，可在饲料中逐步掺入蚕蛹、蝇蛆、煮熟的动物内脏和血粉、鱼粉、豆饼、菜籽饼、麸皮、米糠、瓜皮等，直至完全投喂人工饲料，但饲料的蛋白质含量应为 35％～40％。4～10月是黄鳝生长最快、摄食最旺的季节，要保证投喂充足的饵料。

四是定点投喂。定点投喂在饵料台或食物筐内，一般每 10 平方米水面设饵料台 2 个，以便检查摄食情况和及时清除残渣。

## 五、水质管理

在大棚里进行高密度养殖时，必须加强水质的管理。

### 1. 施追肥

一定要做好追肥的施用工作，做好天然活饵料的培养，在池水清瘦时，可在池内适当堆放一点腐熟的人畜粪来培肥。

### 2. 保持合理的水深

由于黄鳝习惯身居穴中，头不时伸出洞口外窥测食物或呼吸；若池水太深，吃食呼吸就得游出洞外，成天不在洞内不利于生长，因此鳝池水深要常年保持在 15～20 厘米。

### 3. 及时换水

在夏秋高温季节，饵料易腐烂变质引起水质污染，因而要勤换池水。如果不是微流水的鳝池，在高温季节每 5 天向池内注新水 1 次，同时排出相同体积的老水，晒水池要保持蓄满水。

## 六、加强管理

### 1. 防晒防冻

在夏季阳光直射强度大时，要在塑料大棚的外面再加设一层黑色的遮阳网，从而降低阳光的直射，另外还要在养殖池里投放一些水葫芦或水浮莲。

冬季及早春，可以在塑料大棚的外面再加盖草帘来保温，晴天上午 10 时至下午 3 时，把稻草帘从塑料棚上取下，利用这段时间的阳光对大棚增温，其余时间应盖帘保温。

### 2. 注意防逃和敌害

用塑料大棚养殖黄鳝，由于水质清新，只要饲料充足，黄鳝一般不会逃逸，但是也不能掉以轻心，因为在遇到雷阵雨时是黄鳝最易窜逃的时间，一定要及时排水，保持理想的深度，并随时检查拦截防逃设施，避免黄鳝逃跑。

在养殖过程中还要注意防止鼠、蛇等天敌为害。

### 3. 鳝池消毒

定期对食台进行洗刷、暴晒，或用漂白粉等药物消毒，每隔5～7天，每平方米鳝池用生石灰20克消毒水体，以改善水质和杀死病原体等。

### 4. 及时分养

在饲养一段时间后，同一池的黄鳝出现大小不均，要及时分开饲养，以减少黄鳝弱肉强食、以大欺小的现象发生。

# 第九章　庭院养鳝技术

　　黄鳝适应能力强，食性很杂，饵料来源较广，在农村都能解决，适于人工养殖。庭院养黄鳝是指农户利用家前屋后的空地开挖土地，建造成水泥池或者是小土池，进行小范围、高密度养鳝的一种方式，通过精心管理、科学投喂，就能取得高产高效的目的，尤其是单产较高，是适宜农家发展养鳝的一种简便方式。在庭院内建池养黄鳝，效益是相当可观的，例如建一处 10 平方米的水泥池时，大约经过 5 个月的养殖，如果饲养得当，管理到位，每平方米可生产商品黄鳝 10 公斤左右，当年可获利 1000 余元。

## 一、鳝池建设

　　在庭院养鳝时，一般都是进行高密度集约化的养殖，由于放养的密度较高，加上投喂的饲料较多，因此对鳝池的建设和规格质量也比较高。根据调查，目前用于庭院养殖的鳝池有水泥池和土池两种，以水泥池为主。

　　首先是养殖庭院的选择，要选择地势稍高的向阳、背风处和无污染的地方修建鳝池。

　　其次要求水源充足、水质良好，清新无污染，有便

利的排灌条件，有一定水位落差，利于进水和排水，如果农家有自备深井水也可以，但是在使用深井水时一定要经过曝气后方可入池，土质保水性能良好。

第三就是鳝池的面积应根据养殖者的饲养水平以及投资情况来定，一般以 5～20 平方米为宜，以半地下池为好，便于实行精养，池深以 1.0～1.2 米最适合。

第四就是水泥池以圆形或椭圆形为主，池埂高出地面 40～50 厘米，池子底部和四周池壁用红砖或石块砌成，用水泥浆抹成光滑墙面，池壁上方用砖、石棉瓦或油毡砌成向内突的"T"字形防逃墙，以防黄鳝从池中逃跑，在池沿下 20 厘米处留一排水口，排水口要用纱网封严，以防排水时黄鳝逃跑。建好进排水管道，池底应向排水口一侧倾斜。养殖池的进排水口的防逃工程要做牢固，进排水口周围用水泥把缝隙抹严，管口处用金属网片加盖，以防止黄鳝从进排水口处逃逸。

第五就是在水泥池上方搭设架子，沿池种上丝瓜、葡萄或玉米等高秆植物，形成一个具有遮阴、降温的绿色屏障，让黄鳝栖息。同时可在池内种植一些水生植物如水花生、水葫芦等，创造一个良好的生态环境，以适应黄鳝高密度养殖的需要。

第六就是池中间还要建一饵料台，台高 70 厘米，面积为 1 平方米。饵料台下要多留空隙，以供黄鳝钻洞休息。

第七就是晒水池的准备，在养殖池旁要留出晒水池的地方，晒水池的大小与养殖池按 1∶4 的比例即可。晒水池的排水口与养殖池的进水口相连，中间用筏门控制。晒水池也要进行消毒处理，方法与养殖池的消毒方法相同。

## 二、鳝池的处理

### 1. 脱碱处理

新建造的水泥池在使用前要进行去碱处理，方法是先注满水，待4~5天排干后重新注入新水，反复2~3次，就可将壁上水泥的碱性消除。还有一种常用的脱碱法，就是将池子灌满水，按每平方米1公斤的用量加入生石灰，浸泡10天，然后将池水全部放掉。

### 2. 池底处理

先在池底铺上20厘米厚的麦秸或稻草，麦秸或稻草腐烂后可生成大量的红虫和水蚯蚓，供黄鳝采食，草上再铺30厘米厚的优质塘泥。

### 3. 栖息环境的营建

一是在池四周及中间要起垄，以利黄鳝打洞。二是在池子的底部放上若干瓦片，让这些瓦片相互交错排列，做成一个个的洞穴以利于黄鳝栖息。三是在池内栽种少部分水草，水草面积约占总水面的1/3。

## 三、鳝种放养

### 1. 鳝种的来源

鳝种的来源一定要严格把关，对电捕、药捕和钩钓捕捞的黄鳝种不要使用，要选择从稻田、沟渠、池塘、河湾等水域用专门捕鳝的鳝笼捕捉的黄鳝苗种，对稻田的鳝苗要避开施用农药的高峰期捕捉。

### 2. 鳝种的质量

要选择健壮、无病伤、活动力强的鳝种。另外选种时要选择黄色大斑鳝。

### 3. 放养时间

在庭院养殖时，一般是在农村黄鳝苗种最多的 5 月中旬左右放养，此时的水温已经达到 15℃以上，而且要选择晴天放养。

### 4. 放养密度

在庭院养殖时，讲究的是高密度养殖，因此鳝种的密度相对较大，投放密度为每平方米 2 公斤左右。同时要搭配 5％左右的泥鳅，搭配泥鳅的目的是充分利用泥鳅善钻的生活习性，以防止黄鳝在养殖过程中相互缠在一起。

## 5. 放养的注意事项

一是放养鳝种前，要对养殖池的消毒进行检测，经检测水无残毒后可进行黄鳝的种苗投放工作。

二是在放养苗种前先用5％的食盐水浸泡苗种5～10分钟或用浓度为0.5％的高锰酸钾溶液浸泡5分钟后放入水中，达到杀灭体表病菌的作用。

三是黄鳝规格要一致，以防大吃小，相互残杀。

四是要注意放养黄鳝苗种池水水温与引种地区的水温基本一致，减少温差带来的不适应。

# 四、科学投饵

## 1. 饵料

黄鳝属肉食性凶猛鱼类，喜食新鲜活饵，主要在夜间摄食，为了提高养殖效果，对于刚放养的黄鳝，在四天内不要喂食，让它产生充分的饥饿感，以便改变其食性。黄鳝的饵料以小鱼、小虾、蝇蛆、蚯蚓、小蝌蚪、田螺等为好，也可投喂动物内脏。配合饲料可采用动物血液加麦麸、豆饼、玉米面等。

庭院养殖黄鳝应因地制宜，充分利用当地资源，最大限度节省饵料成本，增加养殖效益。实践证明，蝇蛆是黄鳝的最佳饲料之一，可长期饲喂。在庭院养殖时，可利用农村一些现成的原料和设备进行蝇蛆的简单养殖。将猪血（其他动物血也可）掺入麦麸、豆饼粉中，加水蒸煮后放入缸或盆中，7 天后便可繁育出大量的蝇蛆，可随时捞出，用 0.5％的高锰酸钾溶液消毒后投喂。还有一种方法就是在夏季夜间，可在水面上方 10 厘米处吊一灯泡（最好是黑光灯）引诱飞虫，让黄鳝采食，减少人工投饵量，降低养殖成本。

### 2. 投喂

庭院养殖黄鳝时饵料的投喂要做到定时、定点、定质、定量。

定时：饵料在傍晚 18 时左右进行，一般每晚投喂一次。

定量：投饵量要根据不同的养殖时间来定，一般来说，在 5 月份按黄鳝体重的 2％，6~8 月份按 4％～5％，9~10 月份按 3％左右掌握。此外，每次投饵量还应视前一次投饵所剩残饵的多少来调整，适当增减。还要注意天气状况，天晴黄鳝活动力强时多投，阴雨天活动力弱时少投。

定质：黄鳝在投喂时的饵料质量要好，活饵料要新鲜不变质，每次投饵前一定要用水把所投饵料冲洗干净，如果饵料杂质过多，先用 10 毫克/升高锰酸钾水溶液冲洗，然后再用清水冲洗干净，以达到消毒的目的。自配的配合饲料要加水蒸煮后投喂。

定点：投喂饵料的方法是定点投喂与全池均匀泼洒相结合，定点就是将饵料投放到专用的饵料台上，饵料台设置在池底。

## 五、加强管理

### 1. 水质调节

黄鳝对水质要求较高，pH 值应保持在 7.5～8.5，溶解氧不低于 4 毫克/升，氨氮不高于 0.05 毫克/升，庭院高密度养殖黄鳝时，投喂的饵料多，黄鳝吃的也多，它们的排泄物也多，由于黄鳝池小，因此要加强水质调节。

一是及时换注水，平时每周注入水体总量 1/4 的新水，换去同量的陈水；在 6 月份每三天换一次水，每次换水量控制在 1/3 左右；7～8 月份是生长旺盛期，隔天换一次水，每次换水量控制在 1/3 左右，换水时间在上午进行。所用的水要在晒水池中晾晒 1 天，保持所换的水与养殖池中的水温一致，防止黄鳝"感冒"。

二是在夏秋高温季节，为防止池水突变，可向鳝池中投放适量的水葫芦、水浮莲或水花生等水生植物，并用竹架控制其占池水面的 1/3。

三是为调节水体中的 pH 值，每隔 15～20 天泼洒 0.7 克/立方米浓度的生石灰浆。

### 2. 水温调节

一是在夏季炎热时，可在池子上方搭 1 个凉棚，在养殖池的周围栽种些棚架植物，如葫芦、葡萄等，在高温季节起到降低养殖池水温作用，对黄鳝的生长有利。冬季要注满池水，以利黄鳝安全越冬。

二是要随时测量养鳝池的水温，如果水温超过 28℃ 时，要采取加大换水量或全池换水的措施，以降低养鳝池的水温。

### 3. 加强检查

放苗后每天检查黄鳝的生长、摄食和活动情况，并做好记录。另外还要经常检查池子的防逃设施是否牢固，养殖池是否严密，既不能让黄鳝逃跑出去，也不能让敌害入侵。

### 4. 疾病预防

黄鳝抗病力强，一般很少生病，可采取预防为主、防重于治的原则。常见的病害是白粉病。防治方法：如果发现黄鳝体表有白粉状斑点，可捉 1 只蟾蜍，将头割破，吊在水中来回摆动，使蟾酥溶入水中，即可治好此病。为预防该病的发生，可在池中放养几只蟾蜍。

## 六、捕捞

待黄鳝的价格适宜时，可根据市场及时捕捞，先抽干池水，然后翻泥捕捉。

# 第十章  黄鳝的囤养

　　随着钓捕、笼捕、电捕等捕鳝工具的发展，造成对黄鳝野生资源的滥捕，使黄鳝的自然资源受到极大的破坏，日见匮乏，自然种源逾来逾少，规格越来越小。囤养黄鳝，对规格偏小的黄鳝进行短期催肥暂养，既可以提高上市规格，又可以调节市场，投资小，产量高，收益快，风险相对较小。巧赚地区差价、季节差价、规格差价；因此在城郊有许多黄鳝专业囤养户，一般是从8月份开始收购黄鳝，囤养到春节前后出售，经济效益十分可观，因此目前囤养黄鳝成为沿湖沿河地区渔农民的致富途径之一。

## 一、囤养的赚钱途径

　　在囤养时，如果采取的方法不当，黄鳝一方面可能变消瘦而导致体重减损，另一方面，可能会导致部分黄鳝死亡。当这种情况发生时，囤养户的利润空间就相当微薄了。因此我们在囤养时一定要扩展赚钱途径。

### 1. 赚取规格差

　　在目前市场上，冬季出售的大规格黄鳝（尾重250～

300 克）每公斤价格约在 110～140 元左右，春节前后一般都在 150 元以上。在囤养时，可以通过投喂饲料，将收购的每尾约 150 克的黄鳝养成达到大规格黄鳝的标准出售，从规格变化上，我们就能赚到比较可观的规格差价。

## 2. 赚取生长利润

一般收购囤养的季节为每年的 5～7 月，经过投喂饲料养殖后，一般可增重 2～4 倍。由于在养殖黄鳝可采用自己培育的蚯蚓、黄粉虫等活饵料来投喂，因此黄鳝每增重 1 公斤约需饲料成本 10 元左右，从生长增重上，不但扣除了黄鳝自身消瘦造成的重量减少及少量的死亡，也可获得可观的利润。

## 3. 赚取季节差

在黄鳝大量上市的夏季时，黄鳝的价格是很低的，而到了冬季和早春时，由于黄鳝的味道鲜美，加上这时候自然界的黄鳝都处于冬眠状态，因此上市较少，价格奇高，所以通过囤养后，就能赚取了季节差价。

在人工囤养时，只要方法得当，措施到位，往往这几种赚钱的途径是重叠而至的，所以收益也就非常的可观。

## 二、囤养池的构建

从事黄鳝囤养时可采用土池、水泥池、网箱三种主要方式，使用网箱的需建造适量的观察池，以便先期观察筛选。经观察池剔出病弱鳝后，按大小分级投入池内或网箱即可开始养殖。而大部分情况都是采用池子围养黄鳝。

围养池宜选择地势稍高的向阳、背风处和无污染的地方修建鳝池，要求水源充足、水质良好，有一定水位落差，利于进水和排水；池子的面积以 10～20 平方米为宜，便于实行精养，池深以 0.5～0.8 米最适合。根据笔者的调查认为，一般农户尚未形成规模时，以土池为佳，一方面土池容易构建，成本低，另一方面水泥池在夏天易积聚温度，造成池内聚温超过池外温度 3～5℃，极易发生黄鳝被烫死现象；池子建好后，在池底上铺设一层30 厘米的带水草的泥土。

在养殖条件成熟或经济基础较好时，可用水泥池来围养，鳝池壁用红砖或石块砌成，水泥浆抹面，并力求保持光滑，鳝池以圆形为佳，池壁上方砌成向内突的防逃檐，池底为黄黏壤土，并夯锤结实，池底应呈锅底型，排水沟设在池底，排水口设置于池底中央处。池底层铺上机织网片，网片上面均匀地铺垫油菜、玉米秸秆，使其自然厚度在 15～20 厘米，同时，撒上少量生石灰，然后铺垫 20 厘米厚的硬泥和 10 厘米厚的淤泥。根据鳝池的大小，进水管可用直径为 1.8 毫米的钢管 8～12 个，按同一方向（与池壁成 15°的角度）等距安装在池壁上，高出池底 40 厘米。而溢水口则安装在池上方，过水面为20 厘米×30 厘米，用 20 目的尼龙绢布做拦栅。新建造的鳝池注满水，待 4～5 天排干后重新注入新水，反复 2～3 次，就可将壁上水泥的碱性消除。

黄鳝是变温动物，为了安全度夏，必须在鳝池上方架设荫篷。具体做法是用毛竹做骨架，沿池种上丝瓜或玉米等高秆植物，形成一个具有遮阴、降温、对鳝池有增氧功能的绿色屏障。

## 三、选择健康鳝种

收购来的黄鳝其来源一般都非常复杂，有笼捕的、手捉的、电捕的、毒捕的、钓捕的等等。用于囤养的黄鳝最好能够弄清其来源，目前用于囤养效果较好的黄鳝来源依次是：笼捕、徒手捕捉、电捕、钓捕，药物毒捕的黄鳝千万不要用来暂养，否则会有"全军覆没"的危险。

首先要剔除用钓钩捕获的黄鳝，主要从黄鳝的咽喉部的肿大与发炎来辨别。其次要剔除用药物毒捕的黄鳝，主要从其精神状态和活动情况来辨别，将举止行动异常及体表伤势较重的黄鳝及时剔出上市，对池中死鳝应及时捞出。否则，死鳝、病鳝大量污染水质，环境恶化会导致黄鳝的大量死亡，从而导致养鳝失败。第三体表黏液丧失过多的黄鳝不要入池。第四体表带寄生虫的黄鳝必需先经杀虫后方可入池。第五是黄鳝最好选择体色深黄，并分布黑色斑点，无伤无病、肌肉肥厚、体格健壮、体表无寄生虫、活动正常的黄鳝。由于黄鳝在个体规格相差悬殊时，会发生大吃小的现象，因此应将鳝苗种按大、中、小3个级别进行筛选，分别放入池中分级囤养。

一般养殖户在养殖时，黄鳝的出产量以控制在每平方米8公斤左右为宜。水源条件好（如有微流水养殖）、技术水平高的养殖户，每平方米的出产量最好也不要超过10公斤，因为在超高密度的饲养条件下，水质恶化快，黄鳝互相缠绕及打堆现象普遍，稍微处理得不好，极有诱发疾病而导致大量死亡的可能。因此放养规格最好为10～20尾/公斤，放养量为5～6公斤/立方米，结合混养少量泥鳅，可按10∶1的比例搭配放养少量泥鳅，既能清除池内残饵，又能防止黄鳝的发烧病。

## 四、避免鳝体受伤

放鳝前，捡净池中的玻璃、铁皮等尖锐碎块，以免黄鳝钻穴时擦伤皮肤；黄鳝表皮黏液是它防御细菌侵袭的有效保护层，在运输和放养的操作中，要尽量小心，避免用干燥、粗糙的工具接触，保持鳝体湿润；捕捉黄鳝不要用力捏挤鳝体，防止鳝体遭受机械损伤，给病原体造成可乘之机。

## 五、搞好鳝体消毒

即使是健壮的黄鳝，也难免带有一些病原体，所以从外地采购、捕捉的鳝种在放养前，必须放在3%～4%的食盐水溶液中浸洗5分钟，或在20毫克/升的漂白粉中洗浴20分钟后再入池饲养。

## 六、清池消毒要做好

投放鳝种前，要彻底清池消毒，消灭病原体和其他敌害。每10平方米池面用生石灰1公斤，化浆后趁热全池泼洒，或用20克漂白粉化浆后遍洒，并搅动池水，使其分布均匀，待药性完全消失后（约7～10天），再放入鳝种。如果是新建水泥池，在使用前必需先用千分之三浓度的小苏打溶液浸泡3～5天，并冲洗干净。

## 七、饵料要鲜活无毒

黄鳝入池第二天即可开始投饵，做好饵料和食物的消毒工作，投喂清洗干净的鲜活饵料，不投腐烂变质的食物。黄鳝喜食鲜活蚯蚓、小鱼虾、黄粉虫、蚕蛹、蛆虫等动物性饵料，但在正常生产中，如此大量的鲜活饵料难以保证供应。为此必须采取驯食的方法。黄鳝的驯食必须从早期抓起，一般待黄鳝苗种下池20天，对新的生活环境有所适应后，便开始驯食，驯食的具体操作程序是：早期用鲜蚯蚓、黄粉虫、蚕蛹等绞成肉浆按20%的比例均匀掺拌入甲鱼或鳗鱼饵料中投喂，驯食前最好停食1～2天，驯食效果更佳。驯食成功后，可逐渐减少动物性饵料的配比，并按照"四定"的科学方法投喂，根据黄鳝具有晚上觅食的生活习性；投饵可在傍晚（下午6～7时）和清晨（5～6时）分2次定时投喂。每次投饵量常可参照池内水温情况而灵活掌握，当水温在14～20℃时，投饵量为鳝种体重的3%～5%，当水温达20～

28℃时，投饵量为其体重的 7%～10%；在生长旺盛期投饵量一定要满足黄鳝的摄食需要，譬如傍晚时分投喂的饵料在当晚吃完为好，不要过夜，否则，既浪费饵料，又污染水质；如饵料缺乏会导致黄鳝的相互残食，影响产量。动物性饵料一定要讲究新鲜，人工配合饵料要注意营养的全面，严防霉烂变质。每口鳝池可用水泥板作饵料台 2～3 个，将饵料投喂于饵料台上。

养殖期间在鳝池荫篷架上挂电灯一只，灯泡离水面40 厘米左右，夜间利用灯光诱集昆虫以利黄鳝捕食。

## 八、水质调节

精养黄鳝，水质调节是关键。鳝池的水深保持 30 厘米左右为宜，并要求水质新鲜洁净，溶氧量充足，pH 值6.8～7.8。为调节水质，在养殖初期每隔 3～4 天定期更换池水的 1/3。7 月中旬以后是生长旺盛期，随着黄鳝个体的增长，摄食量的增加，排泄物的大量沉积，极易污染水质，这期间除定期更换池水外，还要求鳝池保持有常流水，以促其快速生长发育。在更换池水时将进、排水管同时打开（排水管用钢丝网作拦栅），使池内水体作旋转流动，将池内一些残饵及排泄物集中从排水口排出。在夏秋高温季节，为防止池水突变，向鳝池投放适量的水葫芦、水浮莲或水花生等水生植物，并用竹架控制其占池水面的 1/3。为调节水体中的 pH 值，每隔 15～20天泼洒 0.7 克/立方米浓度的生石灰浆。

## 九、定期杀菌消毒

常用大蒜、洋葱头捣碎拌食，有利于杀菌；5~9月间，定期用5克/平方米的漂白粉化浆洒在食场周围，进行食场消毒预防疾病。

## 十、创造良好的生存环境

鳝池蓄水不宜太深，太深不利于黄鳝呼吸，而且易消耗体能，影响生长；鳝池水位一般控制在20~35厘米，这样的水位在夏季高温时，水温上升较快，易烫死黄鳝，另一方面鳝池较浅，就需要经常换冲水，避免水质污染发臭。因此，夏季遮阴降温是黄鳝养殖管理的主要内容；可在鳝池四周种植高秆植物，池内栽种1/4的柔软的水草，池角搭设丝瓜、南瓜棚，在池中放些水葫芦、水浮萍，为黄鳝营造舒适、安全的生存栖息环境。

## 十一、发病鳝池要隔离

从黄鳝疾病的防治情况看，黄鳝一旦发病，一般的药物难以控制。因此，应坚持生态防病为主、药物防治结合的原则。在遇到黄鳝发病时，一定要及时做好隔离工作，这是因为病鳝、死鳝是传播疾病的主要根源，如果各池水相通不隔离，一旦某一池中黄鳝发病，其他池中的黄鳝也易受到传染，损失巨大，因此各养殖池要分隔，并设有专门的鳝病隔离池，用于暂养、观察、治疗发病的黄鳝。

## 十二、病鳝死鳝及时处理

早、晚巡池，及时捞出病弱鳝，诊断病症、病因后，暂放在隔离池及时治疗；发现死鳝，立即远离养殖池及供应水源的地方深埋，防止病原菌互相感染。

## 十三、越冬管理

秋末冬初，水温降到 10℃ 以下，黄鳝停止摄食，开始钻入泥下 20～40 厘米处进行冬眠，此时，要做好越冬防护工作。其主要方法是排干池水，并始终保持土壤湿润及表面清洁。雨天、雪天要做好排水、除雪工作，不可使池中有积水、积雪等。严寒冰冻来临之前，需盖一层干草防冻。在冬眠期间，鳝池内不可随意走动或堆积重物，以免压实地下孔道，造成通气堵塞，影响黄鳝的呼吸。一般为了易管理、易捕，不采用深水越冬。

## 十四、及时销售

囤养的目的是利用时间差、地区差来赚钱，一旦条件成熟就要及时销售，囤养鳝的起捕一般在春节前后。起捕前，要清除池中杂物和烂泥。如果池泥较硬，可注水将其浸透变软，再进行捕捉。起捕时，可先将一个池角的泥土清出池外，然后用双手逐块翻泥进行捕捉，而不宜用锋利的铁器挖掘，避免碰伤鳝体。最后将剩下的泥土全部清出作肥料用，来年饲养或囤养时再换上新土。捕得的黄鳝都要用水冲洗干净，再暂养在水缸等容器内，一天换水 2～3 次，待黄鳝体内食物排出，即可起运销售。暂养开始时和 24 小时后各投放青霉素 30 万单位，同时，每隔 3～4 小时需用手或小抄网伸入容器底部朝上搅动，以免体弱的黄鳝长时间压在底部而死亡。

　　当然对于囤养的黄鳝也不要一味地追求所谓的高价格，防止与大规模黄鳝上市时造成冲突，从而影响售价。

　　只要认真采取了以上几点预防措施，就会防患于未然，确保黄鳝囤养的成功。

# 第十一章　黄鳝的生态养殖技术

## 第一节　黄鳝、葡萄、鸡、水葫芦生态养殖技术

### 一、生态养殖的原理

黄鳝、葡萄、鸡、水葫芦生态养殖技术是指在岸上种植葡萄、养鸡、水里培育水葫芦、养黄鳝。鸡以田间的小虫、杂草、草籽以及水葫芦为食，可把果园地面上和草丛中的绝大部分害虫吃掉，提高果品的产量和质量，而且对杂草有一定的防除和抑制作用。再将收集好的鸡粪用来培育蝇蛆、蚯蚓或者是作为有机肥来给葡萄施肥，既解决了鸡粪的有机污染，又解决了葡萄的肥料开支。在葡萄架下修建一个个的小型水泥池或长方形的小土池来养殖黄鳝，再在黄鳝池的上面培育水葫芦，水葫芦发达的根系既可以为黄鳝遮阴、提供栖息场所，还可以作为黄鳝的天然饵料，同时水葫芦也可以喂鸡，另外鸡可以充分利用果园里的杂草、昆虫、蚂蚁、蚯蚓等天然生物资源，可改善鸡蛋、鸡肉的品质和风味，提高肉质。

每年清池时的底泥可以覆盖在葡萄树下，为葡萄提供充足的有机肥。

这种生态养殖的优点还在于充分利用了葡萄架下的空间，提高了土地的利用率，另外散养的鸡也在葡萄架下活动、摄食，为葡萄地松土，减少了饲料的投喂量，节省了劳动力，这种高效立体生态的养殖模式对于缓解土地紧张状况，促进农业增效、农民增收具有十分重要的现实意义，是一种高效、良性、立体、生态的循环种养殖的创新模式，值得推广。

## 二、立体养殖的准备工作

### 1. 场地选择

由于鳝池是建设在葡萄架下的，加上鳝池是一种地下建筑，因此在选择这种立体养殖的场地时，应优先考虑葡萄场地的选择。

发展葡萄生产既要考虑生态条件，又要考虑社会条件及经济条件的影响，因此葡萄生产要想获得高产、稳产，在葡萄的场地选择时要统筹安排。

首先在选择葡萄栽培地时要注意各种地势类型，应按照"因地制宜、适地适树"的原则，合理安排土地，提高土地的利用率。

一个好的葡萄种植地应具备适于生产的生态环境条件，有利的地形地势，方便的交通运输，优良的品种资源，良好的土壤地质背景，较深厚的土层和疏松透气的物理特性。

其次葡萄是典型的喜光作物，对光的要求较高，对光的反应也敏感，光照时数的长短、光量的强弱对葡萄的生长发育、产量和品质都有很大的影响。在光照充足的条件下，植株健壮，叶片厚而色浓，花芽分化良好，产量高，果实品质好，浆果含糖量高。光照不足时，新梢生长细弱，叶片薄，叶色浅淡，花序瘦小，果穗也小，落花落果多，产量低，品质差，冬芽分化不良，枝条成熟度差，直接影响次年的生长发育和开花结果。所以一定要选择光照好的地方，并注意改善架面的风、光条件，充分利用太阳光能，同时，正确设计行向、行株距和采用合理的整形修剪技术，一定要注意过分阴湿和光照不良的地方不宜发展葡萄生产。

再次是葡萄的品种不同，对光照的敏感性也不一样，所要求的光照强度不一样，总的来说，欧亚种品种比美洲种品种要求光照条件更高。有些品种浆果的充分着色需要有光线的直接照射，例如黑罕、玫瑰香、里扎马特、甲州三尺、赤霞珠等品种是要求直射光的照射才能正常上色，而康拜尔等品种则需要在散射光的条件下能很好着色，直射光对它们的着色效果不好，当然了，用于制造葡萄干的优良品种无核白对光照要求更高。

最后就是必须要考虑电力、交通、通讯对葡萄生产和黄鳝养殖的影响。

## 2. 基础设施

搭建葡萄架是最重要的设施之一，葡萄支架的选择应该坚持坚固耐用、取材方便的原则。由于葡萄的枝蔓比较柔软，设立支架可使葡萄植株保持一定的树形，枝叶能够在空间合理分布，获得充足的光照和良好的通风条件，并且便于在果园内进行一系列的田间管理。因此在葡萄园中设立架式是必须的。葡萄的架式虽然有很多种，但目前在生产中应用较多的大致上可分为两类，即篱架和棚架。

## 3. 修建黄鳝池

在进行这种模式的种养殖时，黄鳝池的修建基本上是以土池为主，具体的建池方法同前文。

## 4. 鸡舍的准备

在葡萄地周围要用旧鳝网或纤维网围栏隔离，防止鸡只外逃和天敌侵入，以便管理。鸡舍是鸡生活的场所，为了能保证养殖效益，对鸡舍是有一定的要求的：一是要求能防潮，保持干燥，尤其是地面的防潮要求更是严格。二是要能有效地隔热，做到盛夏时节鸡群能顺利地防暑降温。三是保温设施要完备，尤其是寒冷地区更是重中之中，通常要做到地面能保温、窗户能保温、墙壁能保温、屋顶能保温。四是鸡舍不能过于简陋，要坚固耐用，能有效地抵抗积雪覆压的重力等。

鸡舍采用土墙、砖木或竹木结构，选择避风向阳、地势高燥平坦处建造，大小因地而异，一般高约 2 米、跨度 5～6 米、长度 10～30 米，鸡舍坐北朝南或坐西北朝东南，顶部用玻璃钢瓦或油毛毡配稻草都可以，鸡舍中间高、两边低，四周挖好排水沟。

葡萄园养鸡是放牧为主、舍饲为辅的饲养方式，因其生产环境较为粗放，所以应选择适应性强、耐粗饲、抗病力强、活动范围广、抗病力好、勤于觅食的地方鸡种进行饲养。同时应根据市场的需求来确定选择适当的品种，一般应选用体型小的品种，如广东三黄鸡、广西麻黄鸡、肖山鸡、浦东鸡、仙居鸡、寿光鸡等传统地方良种是适合葡萄园饲养的品种；如供应春节市场则宜选用体型大的品种如星杂 882 等。而艾维茵、AA 等快大型鸡由于生长快、活动量小、对环境要求高，不适于葡萄园养殖。

# 三、生态养殖技术

## （一）饲料的配制与准备

### 1. 鸡饲料

在这种养殖模式中，鸡可以在葡萄地里自由采食，另外可以捞取鳝池里的水葫芦来喂鸡，因此基本上是不用另外投饲的。但是为了给鸡养成一种早上出去晚上回来的好习惯，可以通过补饲的方式来建立条件反射。鸡群可在每天早晨放牧前先喂给适量配合饲料，傍晚将鸡群召回后再补饲 1 次。补饲的时间和量应依季节和天气而异，如秋冬季节果园杂草呈小，昆虫少，可适当增加补饲量，春夏季节则可适当减少补饲量。例如在阴雨天鸡不能外出觅食，这时需要及时给料。

## 2. 黄鳝的饲料

黄鳝的饲料有四个途径：第一个是主要的，基本上是依靠在葡萄园地的空隙处，用鸡粪和葡萄叶、水葫芦等一起沤制后制成基础料，再用这些基础料来培育蚯蚓、黄粉虫、蝇蛆等；第二个途径是在鳝池里套养田螺或福寿螺，也可以在排水口的浅水处培育水蚯蚓，都可以解决黄鳝的饵料；第三种途径在鳝池上方挂设黑光灯诱虫，可在夏秋季解决部分饵料；最后一个途径就是在活饵料较少时，可以补投一些黄鳝专用饵料。

## （二）种养管理

### 1. 葡萄管理

（1）葡萄的种植：葡萄适宜的密植是提高葡萄早期产量的重要措施，为了充分利用土地和空间，可以将密度调整为株距 1～1.5 米，行距 2.0～2.5 米，每亩栽植 140～330 株，密植时一定要注意选用适当的架式和抗病品种，同时要加强树体及水肥管理，及时防治病虫害。

（2）葡萄的施肥：葡萄的施肥方法可采用条沟状施肥、放射状施肥、穴状施肥、环状施肥、全园施肥、灌溉式施肥等方式，具体的施用方法可以根据肥料的性状、施肥的目的、施肥后的管理等灵活掌握。

（3）水分管理：葡萄对水分要求的适应性很强，成龄葡萄园的主要灌水时期，是在葡萄生长的萌芽期、花期前后、浆果膨大期和采收后期，一般来说，葡萄在冬季休眠期对水分的要求较低，在新梢迅速生长和果实膨大期则需水较多。灌水要根据葡萄生长发育的需水量和降水分布情况而定。灌水最好与施追肥的次数和时间相一致。

葡萄园灌溉的时间、次数和水量应根据树体需要、气候变化、土壤含水量等来确定。通常浇灌方式有漫灌、沟灌、穴灌、喷灌、滴灌和渗灌。

葡萄从初花期至谢花期 10～15 天内，应停止供水，花期灌水会引起枝叶徒长，过多消耗树体营养，影响开花坐果，现大小粒和严重减产。

（4）树体管理：葡萄是藤本果树，长期在自然生长条件下，靠攀缘周围物体向阳光处生长。如果没有人工控制的话，葡萄上部因阳光充足，上部和外围的各种枝条生长也是过长、过多、过密，造成大量的徒长枝形成。这种后果一是密生的枝条导致主干内膛的光线严重不足，影响了葡萄的光合作用和生长发育，主干下部的枝条会枯死；二是葡萄下部因为光照不足，枝芽发育不良而形成光秃带，导致结果部位不在正常位置，会随着外围枝条的发育而迅速外移，导致结的果实越来越少，品质越来越差，结果期越来越迟。为了促使葡萄尽快形成牢固的枝架和发育良好的结果母枝，并维持合理的丰产、稳产、优质的树体，充分利用架面空间和光能，调节树体生长和结果的关系，有必要对树体进行科学的有计划的枝蔓引缚、短截、疏枝、摘心、定梢、掐穗尖、疏芽、环剥等整形修剪措施，对于提高葡萄产量和质量、延长结果期是很有帮助的。

（5）其他管理工作：葡萄的其他管理工作包括果穗套袋、及时催熟和采收。

## 2. 鸡饲养及管理

一是做好放牧工作，天气晴好时，清晨将鸡群放出鸡舍，傍晚天渐渐变黑时将鸡群赶回鸡舍内。白天放养不放料，给予充足的清洁饮水，根据放养的数量置足水盆或水槽。若是雨天，果园有大棵果树遮雨，鸡只羽毛已经丰满，仍可将鸡舍门打开，任其自由进出活动。若果树尚小，没法避雨就不宜将鸡群放出。若气候突然有变，应及时将鸡唤回。

二是注意天气，在葡萄园里散养鸡，冬季注意北方强冷空气南下，夏天注意风云突变，谨防刮大风下大雨，尤其是开始放养的前一两周，随时关注天气预报，时刻观察天空风云的变化，根据天气变化及时进行圈养或放牧。

三是谨慎用药，果园使用农药防治病虫害时，应先驱赶鸡群到安全地方避开，再巧妙安排，穿插闲置进行。因为农药毒性大，对鸡易造成中毒，一要选用高效、低毒、低残留的无公害农药；二要在安全期放养，将鸡群停止放养3～5天，或施药时将果园分区、分片用药，农药毒性过后再进行放养，不让鸡接触农药，若是遇到雨天，可避开2～3天，若是晴天，要适当延长1～2天，以防鸡只食入喷过农药的树叶、青草等中毒。

## 3. 黄鳝的饲养与管理

（1）鳝种入池：黄鳝苗种的选择和放养技巧，在前文已经讲述，请参阅前文。

（2）投饵：在这种模式中，黄鳝基本上是以天然活饵料为主，它一方面可以取食养殖池里的水葫芦、田螺等，还可以取食人工培育的蚯蚓、蝇蛆等。具体的投喂技巧请参阅前文。

（3）水质管理：首先是要有充足的水源，这既是葡萄栽种的需要，也是黄鳝养殖所必需的，水质要求干净、无污染。其次是换水，由于黄鳝池是建设在葡萄架下的，池子里又有水葫芦生长，因此在夏季鳝池的水温不能是太高，但是还要根据具体情况适当换水，一般一周换水两次，每次1/4就可以了。再次就是及时捞取水葫芦，水葫芦长的很快，有时黄鳝可能利用不了，这时就要及时将它们捕捞出来，切碎供鸡食用，也可以为葡萄树沤制绿肥，这样可以保证黄鳝适宜的生长空间，保持水质的优良。

# 第二节　黄鳝、蚯蚓、芋头混养

## 一、混养原理

一是黄鳝的习性是昼伏夜出、喜暗惧光，因此它一般是白天钻进土里或芋头发达的根系里，受到它们的保护，可以免受夏季阳光照射的侵害，到了晚上再出来觅食。

二是池中土堆既种芋头，又养蚯蚓，能有效地解决黄鳝的部分活饵料。

三是蚯蚓既是黄鳝的活饵，又能松土助芋头生长，芋头的宽阔茎叶在夏天可为黄鳝遮阴，黄鳝的排泄物又是芋头生长的天然肥料，通过这种相互作用，达到了鳝、蚓、芋的共生互利，也是生态养殖的一个典范。

四是有了黄鳝池，可以利用季节差和价格差，随时捕捞黄鳝上市，以获取最高利润。

## 二、鳝池建设与处理

为了捕捞方便和便于控制水质，养鳝池最好是水泥底面，长方形为宜，每个养鳝池的长为 8 米，宽 4 米，高 1 米，具体的建池和池子的消毒，前文已经讲述。

在黄鳝池中间用池 1/2 面积堆 40 厘米高土畦，另外 1/2 水面水位最高保持 30 厘米，最低不能低于 10 厘米。在土畦中施肥种芋头，土畦面层养蚯蚓，因此在这个鳝池里就已经做到了鳝、芋和蚓的共生了。

## 三、芋头种植

芋头有水芋和旱芋两种，在这种养殖模式中，只能选择水芋进行种植。

### 1. 施肥

除了在黄鳝入池前在水体中施肥，培育天然饵料生物外，由于水芋是一种喜肥性水生植物，因此在水芋栽种前，必须对田畦进行施基肥，这样才能有利于芋苗的生长和发育。一般每平方米可施腐熟的人粪尿 3～4 公斤，或猪粪 5～6 公斤。

### 2. 定植芋苗

水芋苗的定植时间虽然随着品种和地区而有一定的差异，但总的来说是在立夏到小满期间进行，基本上与黄鳝的生长是同步的。定植的行距为 60 厘米，株距为 30 厘米，种芋入池深度为 3～4 厘米。

## 四、鳝种的投放

鳝种的来源、质量鉴别、投放方式和注意点，已经在前文有详述，只是它的投放密度在这里要重点提一下，在不算土畦面积的情况下，每平方米水面放黄鳝种 3～4 公斤就可以了。

## 五、蚯蚓的培育

蚯蚓的培育请参照后文的"活饵料培育"的专门章节。如果培育的蚯蚓做饵料不够，还不能满足黄鳝的摄食需求，可适当投喂其他饵料。

## 六、日常管理

### 1. 水位调节

在这个养殖模式中，水位的调节要兼顾三者对水的需求，值得注意的是，水芋的需水要求基本上与黄鳝对水的要求是相同步的。刚定植后的水芋，要求浅灌3～5厘米的水位，主要目的是为了防止浮根，有利扎根，提高成活率，而此时的黄鳝需水也不宜多。以后慢慢地加水，到了盛夏期间可以将水位提高到25厘米左右，以利于养殖池的降温，到了秋后再慢慢将水位下降到5厘米左右。

### 2. 水质管理

在进行这三者的混养中，水质一般是能保持良好的，水芋是喜肥植物，对肥的要求较高，而且根系发达，基本上能将黄鳝的排泄物都能吸收并转化为肥源。

但是在一些特殊情况下，如黄鳝的密度过高，水质也可能变坏时，就要及时换注新水，同时施加一些水产专用的底改药物，进行水质和底质的改善。在夏季如果水温过高时，可在养殖池四周种植一些丝瓜或玉米等高秆植物，形成一个具有遮阴、降温的环境，同时加强换水频率。

### 3. 黄鳝的投喂

在这三者的混养殖中，只要蚯蚓培育的数量足够，黄鳝是不用另外投喂的，当培育的蚯蚓爬出土畦时，就会被黄鳝捕食，成为它们的美味。这里需要做的就是要做好对蚯蚓的投料工作，具体方法和要求请参阅后文。

## 七、收获

在这三者混养的模式中，蚯蚓是不需要收获的，它基本上就能被黄鳝捕食干净，到了秋季湿度不适宜培育蚯蚓时，黄鳝也基本上很少摄食了，池里的蚯蚓也就没有了。

水芋的收获时间，因品种和地区以及收获后的目的不同而有一定的时间差别，但是在这个混养模式中，我们建议在 9 月下旬收获，有时也可以推迟到霜降前后再收获，此时的产量高，质量好，每平方米可收获水芋4 公斤左右。

黄鳝的收获是在芋头收获后进行，也可能利用专用养殖池的优势，进行适当的囤养与育肥，在价格适宜时，可以将整个池子的泥土翻一遍，就可以将黄鳝捕捞干净了。

# 第十二章　黄鳝的饵料与投喂

## 第一节　黄鳝的摄食特点与饵料种类

### 一、黄鳝的摄食方式

黄鳝对食物的感知主要依靠它那发达的嗅觉、触觉和振动觉来完成觅食任务，当食物落入水中或由活饵引起水体振动时或者活饵料在水体中散发出特殊的气味时，黄鳝就会追踪到达饵料、猎物身边，然后用啜吸方式将其摄入口中。

因此，黄鳝的摄食方式为啜吸式。对不同的食物黄鳝也会采取不同的啜吸式，对于那些小型食物如水蚤、黄粉虫、水蚯蚓等，黄鳝就会张开大口，一下子啜吸吞入，而对于一些大型无法一口吞入的食物，例如较大的鱼、青蛙等，它一旦捕获后，立即用口里的牙齿紧紧咬住或挪动身体剧烈左右摆动，或咬住食物全身高速旋转，使食物死亡或身体被撕咬断裂后再慢慢吞入。

## 二、黄鳝的吃食特点

黄鳝是一种凶猛的偏肉食性的杂食性水产动物，与它的习性相匹配，黄鳝的吃食也有几个显著的特点。

### 1. 偏肉食性

野生环境下的黄鳝，主要摄食水蚯蚓、蚯蚓、昆虫、小鱼虾、小螺蚌等小动物，只有在生活环境不好或饵料生物极度匮乏下，才吃一些植物性饵料，因此，在人工养殖时要做好一些活饵料的供应工作，这是小规模养殖黄鳝成功的保障。

### 2. 贪食性

由于黄鳝在野生状态下饵料无法得到保证，经常饱一顿饥一顿，长期的生存环境就养成了暴食暴饮的习性，一旦它有机会能大吃一顿，它就变得非常贪食。在人工养殖状态下，在吃食旺季，黄鳝也有这种贪食的特性，只要饵料新鲜可口，它一次摄入的鲜料量可达自身体重的15％左右。过量的摄入食物往往容易导致黄鳝的消化不良而引发肠炎等疾病，因此在投喂时一定要做好定量供应，就是为了防止它暴饮暴食。

### 3. 耐饥饿性

凡事都有两面性，黄鳝之所以贪食，还因为它有可能长期吃不到食物造成的，因此长期的生活和进化也造就了它具有非常强的耐饥饿能力。研究表明，即使是在黄鳝吃食和生长的高峰期，如果没有食物供给，它也能饥饿1~3个月却不会饿死。如果在特别饥饿的状态下，黄鳝体质减弱易诱发疾病和发生大鳝吃小鳝的情况，因此在人工养殖的情况下，一定要注意同池放养的规格和饵料的及时供应，以免发生以大吃小的现象，给黄鳝的养殖造成损失。

## 4. 拒食性

黄鳝的摄食活动依赖于嗅觉和触觉，通过它们可以感知食物的存在和食物的大小，但是饵料是否适口？黄鳝是否喜欢摄食，那就通过它的味觉加以选择并做出是否吞咽的判断。对无味、苦味、过咸、刺激性异味饵料均拒绝吞咽，尤其是对饲料中添加药品极为敏感，有时即使暂时吃下，过一会儿也会吐出。这也是一些养殖者在饲料中添加敌百虫或磺胺类药物等气味明显的药物来治疗鳝病而不见效的根本原因，因为它们根本就没吃下去，当然就达不到治疗的效果了。

## 5. 对蚯蚓的特别敏感性

许多捕黄鳝和钓黄鳝的人都知道，选择的饵料第一就选择蚯蚓，这是因为黄鳝对蚯蚓的腥味天生特别地敏感。如果水体中有蚯蚓存在，蚯蚓身上发出的特别的气味能将数十米远的黄鳝嗅觉吸引，并引起黄鳝的兴奋，刺激它捕食的欲望。所以，我们认为，要成功地养殖黄鳝尤其是成功地驯养野生的黄鳝，就有必要先把蚯蚓养好。虽然我们不主张主要依靠蚯蚓来养殖黄鳝，但为了达到顺利开食，驯化吃食配合饲料及增进黄鳝的食欲，故我们要求养殖户在开展黄鳝养殖的同时，最好人工养殖一定数量的蚯蚓。

## 6. 不同阶段对饵料的喜好也有一定差别

据研究试验表明，黄鳝敏感且最喜欢吃食的食物顺序依次是：蚯蚓、河蚌肉、螺肉、蝇蛆、鲜鱼肉等。但是这种顺序并不是一成不变的，它在不同的生长阶段，黄鳝对食物的喜好有些不同：在鳝苗刚孵出时，它依靠自身的卵黄囊提供营养，不需要任何外界的食物；一周以后的仔鳝吃食蛋黄、水丝蚓和蚯蚓，因此在鳝苗卵黄囊消失后，就可以投喂磨碎的蚯蚓糜或蛋黄糊；幼鳝的食性就会广泛一点，这时爱吃水丝蚓、蚯蚓、轮虫、枝角类、孑孓等天然的小型活饵料；成鳝主要摄食蚯蚓、小杂鱼、螺肉、蚌肉、小虾、蝌蚪、小蛙和昆虫等较大的动物性活饵料。为了解决饵料来源问题和提高增重，幼鳝和成鳝应尽可能及早驯化投喂人工配合饲料。

## 三、黄鳝的饵料种类

黄鳝是以动物性饲料为主的杂食性鱼类，因此黄鳝的饵料包括动物性饲料、植物性饲料和人工配合饲料。

### 1. 动物性饵料

黄鳝爱吃的动物性饵料包括小虾、蚯蚓、水蚯蚓、螺蚬、蝇蛆、鲜蚕蛹、蝌蚪、幼蛙肉、蚌肉、肉渣、动物下脚如熟猪血、动物内脏及生活在水底的小动物等。其中，黄鳝最爱吃的是蚯蚓、蝇蛆和河蚌肉，不吃腐烂、变质食物。

### 2. 植物性饲料

主要有小杂草、麦芽、麦麸、豆饼、菜饼、青菜、浮萍等。这些植物性饵料只能作为辅佐饵料，在投喂时添加一点，起补充黄鳝体内维生素、增强体质的作用。

### 3. 配合饲料

（1）配合饲料投喂黄鳝的优点：在大规模养殖黄鳝时，不可能总是准备那么多的活饵料，因此配合饲料是必须的，也是解决规模化养殖的必要手段。使用配合饲料有以下优点：一是饲料的来源有保障，由于配合饲料是颗粒状的，包装比较严实，便于储藏，一次购入，可以逐渐使用，是规模化养殖黄鳝的重要前提。二是配合饲料的质量有保证，在配制饲料时，就依据黄鳝的生长特性、饵料组成、营养特点等因素，综合开发了这种营养成分全面的饲料，因此黄鳝吃下去后，生长速度明显加快，饲料转化率非常高。三是便于防病治病，由于配合饲料是人为加工的，可以根据不同的季节、不同的生长阶段、不同的疾病特点，将相应的药物添加到配合饲料里，以达到防治病虫害的目的。四是配合饲料的加工简单，投喂方便，在大面积养殖时可以用投饵机来投喂，小面积养殖时可以用手撒饲料来投喂。五是配合饲料都是经过多个加工环境制成的，尤其是经过高温加工后，能避免将病虫害从饲料中带入鳝池，减少因疾病而造成的损失。六是配合饲料投喂后可以及时查看，如果有过剩时就可以立即清理，不易污染池水。

(2)黄鳝对配合饲料的要求：经过驯食后，黄鳝是可以摄食人工配合饲料，若要改喂人工饵料或其他饵料，放养后数天，不必投饵，让其有一个适应过程。要想使黄鳝能稳定摄食的配合饲料的要求是：首先是配合饲料要具有一定的腥味，能吸引黄鳝的摄食兴趣；其次是配合饲料的细度均匀，大小适口，便于黄鳝的啜吸；再次就是配合饲料的柔韧性好，适合黄鳝撕咬的习性，能在水中保形时间较长；最后就是要求饲料形状为条形，适应黄鳝的取食习惯。

在长期的养殖试验中，许多养殖户发现普通鱼饲料中有不少饲料可以用于饲养黄鳝，如鳗鱼料、甲鱼料、乌鱼料、鲤鱼料、蛙料、罗非鱼料等等，只要动物蛋白含量高，蛋白质水平在35%以上的鱼饲料，几乎都可用于饲养黄鳝。这样就可以减少对黄鳝专用配合饲料的依赖了，会降低养殖户的养殖成本。

黄鳝对饵料的选择性很强，一经长期投喂一种饵料后，就很难改变其食性。因此，如果计划用配合饲料或其他饵料喂养，在饲养黄鳝的初期，必须在短期内做好驯饲工作，即投喂来源广泛、价格低廉、增肉率高的配合饲料。驯养初期可喂蚯蚓（动物性的饵料都行）并混合其他饲料，逐步增加配合饲料，直至习惯摄食后，完全改用配合饲料或其他饲料。目前，养殖效果比较好的是用部分动物鲜活肉加入一定比例的配合饵料，成本低，生长快。具体的驯饲方法在前文相关章节中已经有所阐述，在此不再赘述。

### 4. 黄鳝配合饲料的配方介绍

饲料配方一定要科学合理，是配合饲料的关键技术之一，更是营养研究及其营养标准的成果体现，既要考虑黄鳝的营养需求，又要充分考虑各种原料的营养比例，同时也不能忽视对成本的合理核算。现将我国各地养殖黄鳝过程中常用的且效果良好的一些配合饲料的配方整理出来，仅供参考：

鱼粉 45%、豆饼 24%、玉米 21%、诱食剂 3%、苜蓿粉 3.67%、维生素添加剂 0.03%、混合无机盐 0.3%、黏合剂 3%；

鱼粉 40%、脱脂大豆粉 10%、酵母粉 4%、小麦粉 29%、苜蓿粉 5%、红花籽粉 10%、多维和矿物质 1%、复合维生素 1%；

小鱼虾、螺肉、动物内脏等 65%，豆粉、麸皮等 25%、新鲜菜汁 5%、植物油 3%、矿物质添加剂 1%、引诱剂 1%；

蚯蚓粉 25%、豆饼粉 18%、熟大豆粉 32%、血粉 2%、玉米面筋 18%、磷酸二氢钙 2%、黏合剂 3%；

蚕蛹粉 12%、啤酒酵母 9%、豆饼 31%、菜籽粕 8%、羽毛粉 7%、肉骨粉 12%、黏合剂 5%、蚯蚓浆 12.7%、赖氨酸 1.8%、添加剂 1.5%；

秘鲁鱼粉 25%、国产鱼粉 10%、酵母粉 3%、草粉 5%、豆粕 23%、大豆鳞脂 7%、膨润土 2.5%、小麦粉 15.9%、植物油 1.5%、磷酸二氢钙 2.7%、食盐 0.4%、预混料 4%；

白鱼粉 18%、秘鲁鱼粉 22%、国产鱼粉 10%、酵母粉 3%、草粉 4%、膨化大豆 17%、α—淀粉 15.9%、沸石粉 3.5%、磷酸二氢钙 1.7%、乳酸钙 0.4%、食盐 0.5%、预混料 4%。

# 第二节 黄鳝饵料的投喂

## 一、对饲料的适当加工

对于一些家庭养殖或养殖面积较小的养殖户来说，如果他们提供的一些活饵料比较充分的话，就可以直接投喂蚯蚓、蝇蛆、小杂鱼、动物内脏等饲喂黄鳝，这时的饲料可以不加工而直接投喂。对于一些较大的野杂鱼及动物内脏，也只需要切碎后就可以用来投喂黄鳝。

对于那些规模饲养黄鳝的养殖户来说，如果是使用市购的全价配合颗粒饲料，也可以按黄鳝的体重按比例直接投喂，也不需要进行特别的加工。

而对于那些规模养殖户或养殖场来说，有时他们觉得颗粒饲料太贵了，养殖场的成本太高，而单一的天然饵料又满足不了要求，这时他们就会自己配制饲料，这就是对黄鳝浓缩料和普通鱼饲料的简单再加工，只要配方得当，加工技术过关，同样能取得较好的效益，这也是一种值得推广的方法。

这种再加工的原料主要是鱼饲料，它的基本成分和蛋白质含量还是有保障的，通过再加工后，就可以往这些普通的鱼饲料里添加了黄鳝浓缩料和蚯蚓、黄粉虫等物质。首先将购回的鱼饲料粉碎，有时也可在投喂前用水将饲料泡软，按当时估算的黄鳝重量以及它平时的吃食量为基础，称取适量的鱼饲料，并按 1% 的比例加入黄鳝浓缩料，再按 0.1% 的比例加入饲料黏合剂或按 5%～10% 的比例掺入小麦面粉，加入切碎的蚯蚓、蝇蛆、鱼肉、蚌肉、动物内脏等鲜料，加入适量水后，进行充分搅拌均匀，做成软软的长团状就可以了。有条件的还可以用绞肉机将其绞成细条状的软条饲料，放在自然环境下稍晾，不时地用手或耙子轻轻翻动，当晾晒到七成干时，便可逐池投喂。加工较好的饲料，应是下水后不容易散。制作的软颗粒料或团料应现做现用，不宜久存。

## 二、四定投喂

和所有的鱼类养殖一样，黄鳝的投饲也必须根据"四定"的原则进行。

## 1. 定时

野生黄鳝具有昼伏夜出的生活习性，习惯于夜间觅食，白天穴居。因此黄鳝放养初期投饲应在下午 4～5 时的傍晚进行，待其逐渐适应后，提早投饲，通过这样驯养后的家养黄鳝，一般都可是以在白天投饲。水温为 20～28℃的生长旺季时，在上午 8～9 时，下午 2～3 时各投饲 1 次；水温在 20℃以下或 28℃以上，每天上午投饲 1 次。

## 2. 定量

黄鳝的投饲量与它的吃食量有密切关系，只有黄鳝吃得的多，我们才能投喂得多，而黄鳝的吃食量又与水温有关，15℃左右开始摄食，15～20℃摄食量逐步上升，20～28℃摄食最大，28℃以上又逐渐下降。

所以在日常生产管理中，我们通常决定黄鳝的投饲率是根据养殖环境的温度来确定的，先正确估算养殖黄鳝的体重，然后根据体重和投饵率来确定投饲量。水温 20～28℃时，黄鳝摄食强度最大，生长最快，日投鲜活饲料量为黄鳝体重的 6%～10%，或配合饲料量为 2%～3%；20℃以下或 28℃以上日投鲜活饲料量为 4%～6%；配合饲料为 1%～2%，每日投饵一次；当温度达到 0℃左右时，应少投饵或不投饵。

至于具体的日投饵量，还要根据实际情况加以增减。一般应在投饵后要进行跟踪检查，投饵后 1.5 小时还吃不完，则说明饵料过量，下次投饲时要减少投饲量，如果长期饵料过剩，将败坏水质，造成疾病；如果半小时不到就已吃完，说明饵料量不足，则下次投饲要增加投饲量，天阴、闷热、雷雨前后，或水温高于 30℃，或低于 15℃，都要注意减少投饲量；室外池在下雨天，黄鳝很少吃食，可少投或不投。水温在 26～28℃ 时，是黄鳝旺长的好时机，要及时加强投饲量，日投两次。水温降至 10℃ 时，即可停止投食。

在实际网箱养殖黄鳝中，由于很多网箱的黄鳝数量可能不尽相同，因此可以采用多次投料的方式。第一次投入总量的一半，过一会儿巡箱查看，并对已吃完的网箱进行补投，过一会儿再次巡箱，对料已吃完但仍有部分黄鳝在外张望的，应再次补投，以保证黄鳝摄食充足。否则当饥饿时可残食比自身小的黄鳝。

另一方面，黄鳝在吃食时很贪食，当吃惯人工投喂的饵料以后，往往会一次吃得很多，或将大块的饵料吞入腹中，结果消化不良，几天都不吃食，严重的还会胀死。因此一定要将饵料切碎，投饲时要少量多餐，一天的量要分 2～3 次投喂，投食的最高限量应控制在其体重的 10% 以内（鲜料或湿料重），初期投料应由少到多逐步添加。

## 3. 定质

黄鳝以荤食为主，饵料一定要新鲜，谨防变质，切忌投喂腐败食物。能煮的最好煮熟，病死动物肉、内脏和血最好不投饲。有条件的，最好投喂配合饲料，当然配合饲料也切忌变质发霉。配合饲料营养成分比单一饲料好，饲料系数低，黄鳝生长快，不易生病，成本也低。

据试验，在配合饲料中添加不少于 3‰ 的干蚯蚓对黄鳝具有相当的"诱惑力"。由于蚯蚓活体的含水量约为 80%，而风干蚯蚓的含水量约为 8%，则 1 公斤干蚯蚓相当于 4.6 公斤鲜蚯蚓，则 100 公斤干饲料在加工投喂时，应加入不低于 13.8 公斤的鲜蚯蚓。这样的饲料质量就非常有保障，在初期开食、驯食过程中，蚯蚓的加入量还应适当增加。蚯蚓不足的情况下，应采用蝇蛆、猪肝、蚌肉、小杂鱼等鲜料代替。

## 4. 定位

所谓的定位，就是将饲料投在鳝池固定的位置，定位投饵可以使黄鳝养成定点吃食的习惯，便于观察吃食情况和清扫残料。鳝池中应有固定食台。食台用木框加聚乙烯网布做成，固定在一定位置上，饲料投于其上，食台是黄鳝群体争食的地方，应适当分散，多设几个。若没有固定食台，则选择固定投饲的地点。对于池塘养殖黄鳝来说，投饲点尽可能集中在池的上水口，这样饲料一下水，气味就流遍全池，使黄鳝集中吃食。使用水泥池养殖黄鳝的，可直接将颗粒鳝饲料撒在无水区即可。使用土池及网箱养殖的，可使用黏合剂将其拌和成团再投放到池内水草上。

# 第三节　黄鳝活饵料的培育

## 一、黄鳝活饵料的来源

黄鳝最喜欢吃的是活饵料，要能保证在生长期有足够的活饵供给，养殖户要因地制宜，根据本地区的情况安排不同季节的饵料供给。通常情况下，黄鳝活饵料的来源途径主要有以下几种。

一是养殖"茬口"的合理安排：通过食物链的转化为养鳝提供部分饲料，在早春时可以在黄鳝池中引进一些蟾蜍、培育小蝌蚪或放一些白鲫、泥鳅，既可以缓解黄鳝缠绕在一起引发死亡的危险，又可以自行繁殖。

二是捞取小野杂鱼或者养殖低价位的鱼等活饵：主要是在自然界中如在小溪、沟渠、河沟、塘堰、湖汊中捕捞杂鱼、虾、螺、蚌等，偶尔有不方便时可购买。捕得的小鱼、小虾经切碎后投喂；螺蚌类则去壳后取肉切细或绞碎作补充饲料源，有钉螺的湖区，螺蚌要用盐水消毒才能投喂。用螺蚌喂黄鳝，带壳的需 45 斤左右，去壳的需 18～20 斤才能长 1 斤鳝肉。还可以在每天清晨，到小沟或水比较肥的水塘内用密布网捞取水蚤、轮虫等活饵。

三是养殖池里套养：例如在黄鳝的养殖池里四周挂若干个竹笼，笼网眼 4～6 目，将一定数量的种螺封闭于笼中，将螺笼 2/3 浸于水中，繁殖的幼螺大部分从笼眼中爬出，可为黄鳝摄食。也可到水渠、稻田捡螺去壳切碎喂鳝。

四是寻找活饵：这类活饵主要是蚯蚓等。

五是培育活饵：这是目前小规模养殖黄鳝活饵的主要来源，就是通过人工培育蚯蚓、蝇蛆、黄粉虫、河蚌等活饵。例如蚯蚓是黄鳝最爱食用的鲜活饵料，可以利用池边空地进行人工培育。用牛、猪、鸡等畜禽的粪便养蚯蚓，牛粪可不发酵，猪、鸡等家禽的粪便要发酵。每20斤粪作基料可长1斤蚯蚓，用5～7斤蚯蚓喂黄鳝可长1斤鳝肉。

六是养殖低值鱼：利用小坑塘用粪肥水养殖廉价的鲢鱼种，用8～10斤小鱼喂黄鳝，可长1斤鳝肉，目前广大农民朋友养鳝用的最多最广的就是这类低质鱼。

七是收集屠宰场畜禽的下脚料，进行合理利用；把畜禽的下脚料如血液、心肺与其内脏收集来，冲洗一下后剁细或绞碎煮熟后喂鳝。若嫌每次煮熟比较麻烦，可用5%的盐水每次进行消毒也可以。

八是新鲜豆浆的配制：豆浆中含有较多的蛋白质，故投喂新鲜豆浆，可以培育鳝苗及缓解黄鳝种饵料的不足。

## 二、水蚯蚓的培育

水蚯蚓是最常见的底栖动物，也是黄鳝的优质天然饵料，对于黄鳝的养殖，具有重大意义。

## 1. 水蚯蚓的野外捕捞与保存

天然水域中的水蚯蚓的聚集有季节性变化，但不太明显。捞取水蚯蚓时，要带泥团一起挖回，装满桶后，盖紧桶盖，几小时后，需要取水蚯蚓时，打开桶盖，可见水蚯蚓浮集于泥浆表面。捞取的水蚯蚓要用清水洗净后才能喂养黄鳝。取出的水蚯蚓在保存期间，需每日换水 2～3 次，在春冬秋三季均可存活 1 周左右。保存期间若发现虫体变浅且相互分离不成团时，蠕动又显著减弱，即表示水中缺氧，虫体体质减弱，有很快死亡腐烂的危险，应立即换水抢救。在炎热的夏季，保存水蚯蚓的浅水器皿应放在自来水龙头下用小股细流水不断冲洗，才能保存较长时间。

## 2. 水蚯蚓的人工培育

建池：首先要选择一个适合水蚯蚓生活习性的生态环境来挖坑建池，要求水源良好，最好有微流水，土质疏松、腐殖质丰富的避光处，面积视培养规模而定，一般以 3～5 平方米为宜，最好是长 3～5 米，宽 1 米，水深 20～25 厘米，两边堤高 25 厘米，两端堤高 20 厘米。池底要求保水性能好或敷设三合土，池的一端设一排水口，另一端设一进水口。进水口设牢固的过滤网布，以防敌害进入，堤边种丝瓜等攀缘植物遮阳。

制备培养基料：制备良好优质的培养基，是培育水蚯蚓的关键，培养基的好坏取决于污泥的质量。选择有机腐殖质和有机碎屑丰富的污泥作为培养基料。培养基的厚度以 10 厘米为宜，同时每平方米施入 7.5～10 公斤牛粪或猪粪作基底肥，在下种前每平方米再施入米糠、麦麸、面粉各 1/3 的发酵混合饲料 150 克。

引种：每平方米引入水蚯蚓 250～500 克为宜，若肥源、混合饲料充足时，多投放种蚓，产量更高。一般引种后 15～20 天后即有大量幼蚯蚓密布土表，刚孵出的幼蚯蚓，长约 6 毫米左右，像淡红色的丝线，当见到水蚯蚓环节明显呈白色时即说明其达到性成熟。

饵料投喂：用发酵过的麸皮、米糠作饲料，每隔 3～4 天投喂一次，投喂时，要将饲料充分稀释，均匀泼洒。投饲量要掌握好，过剩则水蚯蚓的栖息环境受污染，不足则生长慢，产量上不去。根据经验，精料以每平方米 60～100 克为宜。另外，间隔 1～2 个月增喂一次发酵的牛粪，投喂量为每平方米 2 公斤。

采收：水蚯蚓繁殖力强，生长速度快，寿命约 80 天，在繁殖高峰期，每天繁殖量为水蚯蚓种的 1 倍多，在短时间可达相当大的密度，一般在下种后 15～20 天即有大量幼蚯蚓密布在培养基表面，幼蚓经过 1～2 个月就能长大为成蚓，因此要注意及时采收，否则常因水蚯蚓繁殖密度过大而导致死亡、自溶而减产。通常在引种 30 天左右即可采收。采收的方法是：在采收前的头一天晚上断水或减少水流，迫使培育池中翌日早晨或上午缺氧，此时水蚯蚓群集成团漂浮水面，就可用 20～40 目的聚乙烯网布做成的手抄网捞取，每次捞取量不宜过大，应保证一定量的蚓种，一般以捞完成团的水蚯蚓为止，日采收量以每平方米能达 50～80 克，合每亩 30～50 公斤。

## 三、蚯蚓的培育

蚯蚓是一种不可多得的富含蛋白质的高级动物性饲料，也是黄鳝最爱吃的活饵料之一，是目前解决黄鳝养殖所需蛋白质饵料的一条有效途径。用蚯蚓喂养黄鳝，黄鳝的产卵率高、成活率高、发病率低、生长速度快、肉质好。

### 1. 蚯蚓的青饲料地、果园、桑园饲养

这种场所土壤松软，土质较肥，有利于蚯蚓取食和活动。在行距间开挖浅沟并投入蚯蚓培育饲料，然后将蚯蚓放入，便于蚯蚓穴居。每平方米投放大平二号蚯蚓2000 条左右。在菜畦上放养蚯蚓，盛夏季节蔬菜新鲜茂盛，叶宽茎大，其宽大叶面可为蚯蚓遮阴避雨，有效地防止阳光直射和水分过度蒸发，平时蚯蚓可食枯黄落叶，遇到大雨冲击时可爬入根部避雨。桑园、果园饲养与菜畦相似，但需经常注意浇水，防止蚯蚓体表干燥，同时也要防止蚯蚓成群逃跑。这种饲养方法成本低、效果显著，便于推广。

### 2. 蚯蚓的杂地饲养

利用庭院空地、岸边、河沟的隙地及其他荒芜杂地，四周挖好排水沟，将杂地翻成 1 米宽左右的田块，定点

放置发酵后的腐熟饵料，放入蚓种饲养，在较长时间内可以保证自繁自养。夏季搭凉棚或用草帘带水覆盖，防止泥土水分过度蒸发干硬，亦可种植丝瓜、扁豆等藤叶茂盛的蔬菜，为蚯蚓遮阴避雨，同时注意定期及时喷水保湿和补充饵料。

### 3. 蚯蚓的大田平地培养

大田平地培养法的特点是培养面积大，可就近利用杂草、落叶、农家肥料等，还可充分利用潮湿、天然隐蔽等有利条件。这种培养法多结合作物栽培在预留行内同时进行。栽培多年生植物比一年生植物的效果好，在叶面繁茂和水、肥条件较好的农田中养殖效果更好。

培养地要选择在排水性能好、能防冻、无农药污染的地方。培养方法可在田边或农作物预留行间，开挖宽和深均为20厘米的沟，放入基料厚15～20厘米和蚯蚓种，上面覆盖土或稻草。保持基料和土壤湿度50%左右，做到上面的料用手挤压时，手指缝间有水滴，底层有积水1～2厘米即可，夏天早、晚各浇水一次；冬天3～5天浇水一次，在培养过程中还要投喂饵料，饵料用经过腐熟分解后的有机质为好，要具有细、熟、烂而易消化的优点。饵料的制作方法：用杂草、树叶、塘泥搅和堆制发酵；也可用猪粪、牛粪堆制发酵，冬天上面要盖塑料薄膜或垃圾、杂草，帮助催化，15～20天即可使用。加喂料厚15～20厘米，20天左右加料一次，1～2天后蚯蚓就会进入新鲜饵料中，与卵自动分开，陈饵中的大量卵茧，可另行孵化，也可任其自然孵化。

## 4. 蚯蚓的多层式箱养

这是为充分利用立体空间而推行的一种饲养方式，在室内架设多层床架，在床架上放置木箱。木箱像养殖蜜蜂的蜂箱一样，规格一般为 40 厘米×20 厘米×30 厘米或 60 厘米×30 厘米×30 厘米或 60 厘米×40 厘米×30 厘米，箱底和侧面要有排水孔，孔的直径为 1 厘米左右，排水孔除作为排水和通气以外，还可散热，借以防止箱中由于饲料发酵而使温度升高得过快过高，引起蚯蚓窒息死亡，内部可以再分 3～5 格，每格间铺设 4～5 厘米厚的饲料来饲养蚯蚓，每立方米可放日本大平二号蚯蚓 2500 条左右，在两行床架之间架设人行走道，室内保证温度在 20℃ 左右最适宜，湿度保持在 75% 左右，可以常年生产，但注意防止鼠患及蚂蚁的危害。

## 5. 蚯蚓的盆养

可用陶缸、瓦盆、木盆、花盆等进行养殖，适用于家庭饲养蚯蚓，通常是钓鱼爱好者为了解决鱼饵而专门饲养的，缺点是盆体较小，投放量较小，形不成规模。

## 6. 蚯蚓的池槽培养

用于饲养蚯蚓的饲养槽，一般用砖石砌成长方形，大小因地制宜，饲养槽上面要搭简易棚顶，目的是保持温度湿度。池槽可以批量生产蚯蚓，而且产量比较高，饲养比较方便，通常每平方米放幼蚯蚓1500条左右，平时注水浇水防敌害。

## 7. 蚯蚓的工厂化养殖

主要是用于赤子爱胜蚓和太湖红蚯蚓的大规模养殖，特点是产量高、综合效益高，是目前大量生产蚯蚓的主要做法。工厂化养殖应修建饵料场、养殖车间、养殖床等基础设施。

（1）养殖车间：一般采用砖木结构，结实耐用，可常年进行规模养殖，也可采用塑料大棚，主要是冬春季节保温作用。室内温度一般控制在5～32℃，有控温设备（如设置空调）的，温度尽量常年控制在18～28℃的适宜温度内，可以保证蚯蚓常年源源不断地产出，是提高经济效益的主要途径，养殖车间的大小视规模而定，一般民房，在室内可建2～3排养殖床，中间留有0.8～1.0米宽的作业通道，以方便人为管理和操作。

（2）养殖床：平地建池，池四周用砖砌成，水泥抹缝，床面稍倾斜，较低一侧墙脚建有排水孔，以便饵料中的多余水分自动排出，保持养殖床的相对湿度稳定。池的大小视养殖品种而定，一般养殖青蚯蚓的池，墙体高60厘米，面积5平方米左右为宜；饲养赤子爱胜蚓的池子，墙体高40厘米，面积为3平方米左右，池底部铺设一层15厘米厚的熟土，上面覆盖一层20厘米厚的基料，养殖床四周设宽30厘米，深50厘米的水槽，既供排水用，又作防护沟。

（3）种蚓投放：养殖床建成后，先在养殖床内铺上一层湿度适宜的松软土，厚约10～15厘米，土上再铺设一层5厘米左右厚的经水浸泡后的稻草，然后投入规格为2克/条左右的种蚓1200～1500条，经3个月的饲养，蚯蚓的数量和重量都可增加10倍以上。

（4）蚯蚓的饲料：是指在蚯蚓培育过程中，能供蚯蚓生存和营养的物料，它的饲料具有细、熟、烂、营养丰富、全面、适口性好、易于消化吸收等特点。蚯蚓的饲料通常有牛、马、猪、羊、兔粪和适量鸡粪、食品下脚料、屠宰下脚料、瓜果、烂菜等，另外各种杂草、树叶、树皮、木屑、垃圾也是饲养蚯蚓时的饲料。

（5）投饵方法：蚯蚓饲料的投放可采用上投法、下投法和侧投法。根据经验，通常采用侧投法为佳，即把新饲料投放在旧饲料的侧面，让成蚓自动进入新饲料堆中采食、栖息，而幼蚓进入新饲料堆中速度较慢，数量较少，这样有利于成蚓、幼蚓、蚓茧的分离，避免三代同堂，有利于蚯蚓的繁殖及分离。

上投法：此法比较适用于补料。当蚯蚓生长活动几天后，观察到料床表层已粪化时，即将新饵料撒在原饵料上面，约5～10厘米厚，新饵料层活动并采食，经数次补料后即形成饵料床。上投法优点是便于观察饵料粪化情况，投饵方便，清除粪便方便，缺点是新料中的水分渗入原料层内，造成底部水分过大，湿度也较大，而且数次投料后会导致蚯蚓埋于深处，不利于蚯蚓的及时增殖，改进的方法是：定期翻动饵料床并清除出蚯蚓粪便。

下投法：此法是将新料铺入养殖床内部，用此法补料，将原饵料从饵料床移开，将新饵料铺设在原来的床位内，再将原饵料（连同蚯蚓、蚓茧）一起铺设在新料上。保留一个新床位，在补料时，采用一翻一的作业方法逐个翻床投喂。此法优点是原饵料在上部，有利于蚓茧及时孵化，促进蚯蚓增殖，缺点是新饵料在下部特别是底部采食不均匀，造成饵料浪费。

侧投法：此法适用于将蚯蚓种引诱出，使成蚓、茧和幼体分开，养成与孵化分开进行，当原饵料床内已存在大量蚓茧和幼小蚯蚓时或原饵料床已堆积成一定高度且大部分已经粪化时，可作侧投法将蚯蚓诱出。目前生产主要用侧投法进行投饲。

（6）投饵量：蚯蚓的养殖周期，以4个月为一期，一天的投饵量通常相当于它自身的体重。一条成蚯蚓的体重一般为0.4克，若约一万条蚯蚓，则一天可投喂约4公斤的饵料，随着蚯蚓不断繁殖增长，摄食量随之加大，投饵也相应增多，同时应及时分床，以保证养殖密度合理，促进蚯蚓快速增殖。

投饵时间：一般蚯蚓投喂可采用隔天投喂一次或数天投喂一次，若每天投喂时，投饵总量应等于蚯蚓体重的总重量的100%～120%，隔天投喂时，投饵总量应是每天投饵量的两倍，数天投喂时，则累计即可。

### 8. 蚯蚓的采集

当蚯蚓养殖密度达一定规模，个体长到成蚓大小时，必须及时地采集，实践证明，合理采集蚯蚓可使全年蚯蚓产量有较大幅度的提高。采集的原则是抓大留小、合理密度，即将密度较高、多数已性成熟的蚯蚓采集出来，采集后保持合理的养殖密度才能提高繁殖力和繁殖水平。

## 四、蝇蛆的培育

蝇蛆是一种营养价值较高的动物，蝇蛆的营养价值、消化性、适口性都接近鱼粉，也是黄鳝喜爱的饵料之一，值得大力推广。

### 1. 田畦培育蝇蛆法

田畦培育蝇蛆方法简单，投资小，见效快，收益大，群众易接受，是一条解决养殖饵料的有效途径之一。

（1）田畦整改：选择背风、向阳、温暖、安静和地势较高的地块做田畦，畦的北边最好置避风屏障如篱笆等。畦一般长约3～4米、宽1～1.5米，修成4～5个为一组的东西向、完全相同的田畦，畦间埂宽15厘米，高20厘米，畦底要平坦，用前灌水3～6厘米，平整夯实后待用。

（2）育蛆饵料：选择质量好的鸡粪、牛粪或猪粪少许和一定数量的酱油渣一起做底料（酱油渣成分一般含豆饼50％、麦麸30％、玉米面10％、盐分3％、水分

5％左右），每日准备新鲜或腐败的屠宰下脚料少许做饵料或产卵场，数量以每平方米 1～1.5 公斤为最好，也可使用少量的尿素和酵母。

（3）堆放诱料：将含有 70％水分的动物屠宰下脚料剁碎，均匀地堆放在田畦的表面上，引诱苍蝇觅食并产卵。

（4）淋水盖膜：铺好诱料后及时淋水，使基料表面含水 65％，然后盖上塑料薄膜，确保基料、诱料有比较稳定的温度、湿度，并注意保持通气良好及严防暴晒。

（5）调整诱蝇环境：诱蝇量的多少是培育蝇蛆产量的关键，所以田畦诱料在当天 10 点前铺好后，首先要注意观察田畦的诱蝇量及影响诱蝇的因素，随时调整诱料的数量和质量，并增设避风和避强光的屏障，创造苍蝇前来觅食产卵的温度（25℃左右）及背风、温暖所需的环境条件。

（6）调整诱料的湿度：在阳光较强的情况下，诱料的表面容易失去水分而干燥，甚至成膜，直接影响苍蝇的觅食、产卵和孵化。为了确保产量和孵化率，在铺畦后的 1～3 天里，一定要注意检查培养诱料的湿度，保持诱料含水 70％，不足时要随时淋水调节湿度，并注意注入水的水温差要小，以免突然降低温度影响蝇卵的孵化和蝇蛆的生长发育，雨天来临之前要用塑料薄膜盖好，雨后及时撤去，保持培养基料的最佳温度、湿度和氧气。经过 3～4 天的精心培育与管理，蝇卵将培育成蛆虫。

（7）蝇蛆的收获：在 6 月中旬后，一般气温都平均在23℃以上，是苍蝇活动、产卵、孵化、发育的适宜时期，若无特殊降温或大雨、暴雨的袭击，培养4天后每平方米能育成老熟的蝇蛆2公斤左右。收获时要按照当时铺基料和撒诱料时的时间顺序进行，否则不是蝇蛆太小，就是蝇蛆过老爬出田畦或是钻到较松的泥土里化蛹。

蝇蛆收获时，首先碰到的是料蛆分离问题，具体方法是：蝇蛆培育在4～5天时，利用光线较强的阳光照射，使培育基料表面增温，逐渐干燥，蝇蛆在光照强、温度高、湿度逐渐减少的恶劣环境条件下，自动地由表面向田畦并趋向田畦培养基料底部方向蠕动，待基料干到一定程度时，用扫帚轻轻地扫1～3次，扫去田畦表层较干的培养基料，逐步使蝇蛆落到最底层而裸露出来，当约计蛆虫达到80%～90%时，收集到筛内，用筛子筛去混在蛆内的残渣、碎屑等物，集积于桶内便可作饲料（活饵投喂时应用3%～5%的食盐水消毒，若留作干喂时，用5%左右的石灰水杀死风干）投喂。

## 2. 土法培育蝇蛆

（1）引蝇育蛆法：夏季苍蝇繁殖力强，可选室外或庭院的一块向阳地，挖成深0.5米、长1米、宽1米的小坑，用砖砌好，再用水泥抹平，用木板或水泥预制板作为上盖，并装上透光窗，用玻璃或塑料布封住窗户（透光窗），再在窗上开一个5厘米×15厘米的小口，池内放置烂鱼、臭肠或牲畜粪便，引诱苍蝇进入繁殖，但一定要注意让苍蝇只能进不能出，雨天应加盖，以免雨水影响蝇蛆的生长。蛆虫的饲料，最好采用新鲜粪便效果较佳。经半个月后，每池可产蛆虫 6～10 公斤，不仅个体大，而且肥又胖嫩，捞出消毒后即可投喂。

（2）土堆育蛆法：将垃圾、酒糟、草皮、鸡毛等混合搅成糊状，堆成小土堆，用泥封好，待 10 天后，揭开封泥，即可见到大量的蛆虫在土堆中活动。

（3）豆腐渣育蛆法：将豆腐渣、洗碗水各 25 公斤，放入缸内拌匀，盖上盖子，但要留一个供苍蝇进去的入口，沤 3～5 天后，缸内便繁殖出大量的蛆虫，把蛆虫捞出消毒、洗净后即可投喂各种名优动物。也可将豆腐渣发酵后，放入土坑，加些淘米水，搅拌均匀后封口，大约 5～7 天也可产生大量蝇蛆。

（4）牛粪育蛆法：把晾干粉碎的牛粪混合在米糠内，用污泥堆成小堆，盖上草帘，10 天后，可长出大量小蛆，翻动土堆，轻轻取出蛆后，再把原料装好，隔 10 天后，又可产生大量蝇蛆，提供活饵料。

（5）黄豆育蛆：先从屠宰场购回 3～4 公斤新鲜猪血，加入少量柠檬酸钠抗凝结，放入盛放水 50 公斤的水缸中，再加少量野杂鱼搅匀，以提高诱种蝇能力。然后准备一条破麻袋覆盖缸口，用绳子扎紧，置于室外向阳处升高料温。种蝇可以从麻袋破口处进入缸内，经 7～10 天即有蛆虫长出。再将 0.5 公斤黄豆用温水浸软，磨成豆浆倒入缸中以补充缸料，再经 4～5 天后，就可以用小抄网捕大蛆投喂水产品；小蛆虫仍然放回缸内继续培养，以后只要勤添豆浆，就可源源不断地收取蛆虫，冬季气温较低时，可加温繁育。

（6）水上培育：将长方形木箱固定于水上浮筏，木箱箱盖上嵌入两块可浮动的玻璃，作为装入粪便或鸡肠等的人口，在箱的两头各开一个5厘米×10厘米的长方形小孔，将铁丝网钉在孔的内面，并各开一个整齐的水平方向切口，将切口的铁丝网推向内面形成一条缝，隙缝大小以能钻入苍蝇为度。箱的两壁靠近粪便处各开一个小口，嵌入弯曲的漏斗，漏斗的外口朝水面。在箱盖两块玻璃之间，嵌入一块可以抽出的木板，将木箱分割为二，加粪前先将箱顶一块玻璃遮光，然后将中间隔板拨起，由于蝇类有趋光性，即趋向光亮的一端，再将隔板按入箱内，在无蝇的一端加粪，用此法培育的蛆可爬入漏斗后即自动落入水中，比较省时省力。苍蝇只能进入箱内，不能飞出，合乎卫生要求。

## 五、河蚌的培育

河蚌的含肉率高，饲养简单，因此大规模培育河蚌，可为黄鳝养殖提供优质饵料，它也是黄鳝在驯食时常用的肉食性饵料，使用频率仅次于蚯蚓。

### 1. 培育池的建造

河蚌培育池应建在水源排灌方便，水质无污染，特别是无农药和化肥污染的池塘里，池塘底质淤泥较少，腐殖质不宜过多，以砂质土壤为宜，面积以1～3亩为好，水深以0.8～1.2米为佳，另外还要建造1～2个幼蚌培育池和亲蚌培育池。

## 2. 亲蚌的来源及繁殖

人工养殖用的河蚌最好是从江河中人工捕捞的成熟河蚌，用铁耙捕起的河蚌由于蚌体受到机械损伤，体质较差最好不用。每年 8 月左右是河蚌的繁育旺季，应选择体大而圆的亲蚌放于土池中专门培育，主要投喂一些鱼粉、屠宰下脚料等优质饵料，以促进亲蚌的迅速发育。河蚌交配繁殖后，精卵在水中浮游时相互融合并发育成为受精卵，河蚌为变态发育，它的受精卵在水中发育变态为担轮幼虫和面盆幼虫，不像河蚌那样寄生在鱼体上发育。面盆幼虫因浮游生活，抵抗力较差，生活力较弱，常常成为其他鱼类的腹中美餐，因此面盆幼虫最好要单独专池培育。

## 3. 幼体的培育

幼体培育池最好用水泥池规格以 5 米×3 米×1 米为宜，水深控制在 0.6 米为佳，在池中投放一些水花生、浮萍等水生植物，以供担轮幼虫和面盆幼虫栖息时用，也可为它们诱集部分天然饵料。日常管理主要是加强水质、水位的控制，要求水质清新，绝对不能施放农药和化肥，投饵主要以煮熟后磨碎的鱼糜为佳，伴以部分黄豆。

### 4. 成蚌的养殖

（1）养殖池的建设：河蚌养殖池不宜太大，一般以3～5亩为宜，进排水方便，池底不能有太多的淤泥，水色不能太肥，否则易引起河蚌死亡，水深保持在1米左右。

（2）运输及放养：若从外地购买蚌种时，可将河蚌种苗装入麻袋或草包中带湿低温阴凉运输，为了减少途中死亡，应注意每隔8小时左右洒一次水，保持种苗的湿度，同时注意堆放时不要堆放得太多，以免压伤底部的河蚌种苗。在放养前最好先将池水排干，在日光下暴晒10天左右再注入新水，放养时，将整麻袋河蚌轻轻倒入水口，并在水中慢慢拖动麻袋，同时松开袋口，尽量使河蚌不要堆积，能分开为佳。

（3）投放密度：一般第一年饲养河蚌时，每亩可放苗种150公斤，由于河蚌在池塘里能不断地繁殖数量，因此第二年的投放量应降低，以80～100公斤即可，河蚌种苗规格为800～3000个/公斤。

（4）投饵与管理：在池塘中养殖时，应及时投饵，通常投喂豆粉、麦麸或米糠，也可施鸡粪和其他农家肥料，有条件的地方在放养初期可投喂部分煮熟并制成糜状的屠宰下脚料，以增强苗种的体质，日常管理主要是池塘中不能注入农药和化肥水，也不宜在池塘中洗衣服，这最容量导致河蚌大批量死亡。

（5）生长：在饲养条件良好的情况下，河蚌生长发育较快，初入塘时，苗种平均重为0.1克左右，饲养1个月可增重至4～5倍，达到0.4～0.5克左右；3个月可达0.85克；4～4.5个月可达到2.2克；5～6个月可达4克；7～7.5个月可长至5克左右，体重相当于原来苗种的50倍，此时可大量起捕。

（6）起捕：起捕河蚌时，由于受到惊动，河蚌便栖息在淤泥中，因而可用带网的铁耙捕起后，再用铁筛分出大小，将大的捕出待用，个体较小的最好随时放回原池中继续饲养，注意受伤的河蚌必须捞起用药浴处理后再放养。值得注意的是，河蚌池中可以套养鲢、鳙、草鱼，但不能与青鱼、鲤鱼等肉食性鱼类混养，要防止特种水产如河蟹、黄鳝的捕食。

## 六、灯光诱蛾

飞蛾类是黄鳝的高级活饵料，我们可利用黑光灯大量诱集蛾虫，为黄鳝提供一定数量廉价优质的鲜活动物性饵料，既降低饲料成本10%以上，又诱杀了附近农田的害虫，有助于农业丰收。

（1）灯管的选择：试验表明，效果最好的是20W和40W的黑光灯，其次是40W和30W的紫外灯，最差的是40W的日光灯和普通电灯。因此应选择20W的黑光灯管。

（2）灯管的安装：选购20W的黑光灯管，装配上20W普通日光灯镇流器，灯架为木质或金属三角形结构。在镇流器托板下面、黑光灯管的两侧，再装配宽为20厘米、长与灯管相同的普通玻璃 2～3 片，玻璃间夹角为 30°～40°。虫蛾扑向黑光灯碰撞在玻璃上，成语叫"飞蛾扑灯，自取灭亡"，触昏后掉落水中，有利于黄鳝摄食。接好电源（220V）开关，开灯后可以看到众多的黄鳝都在争食落入水中的飞虫。

（3）固定拉线：在池塘一端离水面 5 米处的围堤内侧或外侧分别埋栽高 15 米的木桩或水泥柱，柱的左右分别拴两根铁丝，间隔50～60厘米，下面一根离水面20～25厘米，拉紧固定后，用来挂灯管。

（4）挂灯管：在两根铁丝的中心部位，固定安装好黑光灯，并使灯管直立仰空 12°～15° 的度角，以增加光照面，1～3 亩的池塘一般要挂一组，5～10 亩的池塘可分别在池塘的两对角安装两组，即可解决部分饵料。

（5）诱虫时间：黑光灯诱虫从每年的 5 月份到 10 月初，共 5 个月时间。诱虫期内，除大风、雨天外，每天诱虫高峰期在晚上 8～9 时，此时诱虫量可占当夜诱虫总量的85%以上，午夜 12 点以后诱虫数量明显减少，为了节约用电，延长灯管使用期，深夜 12 点以后即可关灯。夏天白昼时间较长，以傍晚开灯最佳，根据测试，如果开灯第一个小时诱集的虫蛾数量总额定为100%的话，那么第二个小时内诱集的蛾虫总量则为 38%，第三个小时内诱集的虫蛾总量则为 173%。因此每天适时开灯 1～2 个小时效果最佳。

（6）诱虫种类：据报道，黑光灯所诱集的飞蛾种类较多，有16目79科700余种。蛾虫出现的时间有一定的差别，在 7 月份以前，多诱集到棉铃虫、地老虎、玉米螟、金龟子等，每组灯管每夜可诱集 1.5～2 公斤，相当于 4～6 公斤的精饲料；7 月气温渐高，多诱集金龟子、蚊、蝇、蛆、蚋、蝗、蛾、蝉等，每夜可诱集 3～4 公斤，相当于 10～13 公斤的精料；从 8 月份开始，多诱集蟋蟀、蝼蛄、蚊、蝇、蛾等，每夜可诱集 4～5 公斤，相当于 15～20 公斤的精料。

（7）诱虫效果：据观察，一盏 100W 的黑光灯在一夜可以诱杀蛾虫数万只，这些虫子掉进池塘里，可直接喂鳝，提供大量的蛋白质丰富的动物性鲜活饵料，不仅减少人工投饵，而且鳝在争食昆虫时，游动急速，跳动频繁，可促进黄鳝的新陈代谢，增强黄鳝体质和抗逆性，减少疾病的发生，对鳝的生长发育有良好的促进作用，同时还能保护周围的农作物和森林资源。一支 40W 的黑光灯，开关及时，管理使用得当，每天开灯 3 小时，一个月耗电量为 3.6 度，全年养殖 8 个月共耗电量为 30 度左右，在整个养殖期间则可诱集各种蛾虫 300 公斤以上，可增产鳝 150 公斤左右。

# 第十三章　黄鳝疾病的防治

## 第一节　黄鳝发病的原因

　　根据鱼病专家长期的研究和我们在养殖过程中的细心观察表明，黄鳝发生疾病的原因可以从内因和外因两个方面进行分析，因为任何疾病的发生都是由于机体所处的外部因素与机体的内在因素共同作用的结果。在查找病源时，不应只考虑某一个因素，应该把外界因素和内在因素联系起来加以考虑，才能正确找出发病的原因。根据鱼病专家分析，鳝病发生的原因主要包括致病生物的侵袭、鳝体自身因素、环境条件的影响和养殖者人为因素等共同作用的。

### 一、致病生物

　　常见的黄鳝疾病多数都是由于各种致病的生物传染或侵袭到鳝体而引起的，这些致病生物称为病原体。能引起黄鳝生病的病原体主要包括真菌、病毒、细菌、霉菌、藻类、原生动物以及蠕虫、蛭类和甲壳动物等，这些病原体是影响黄鳝健康的罪魁祸首。在这些病原体中，有些个体很小，需要将它们放大几百倍甚至几万倍后才能看见，鱼病专家称它们为微生物，如病毒、细菌、真菌等。由于这些微生物引起的疾病具有强烈的传染性，所以又被称为传染性疾病。有些病原体的个体较大，如蠕虫、甲壳动物等，统称为寄生虫，由寄生虫引起的疾病又被称为侵袭性疾病或寄生虫病。

## 二、动物类敌害生物

在黄鳝养殖时，有些能直接吞食或直接危害黄鳝的敌害生物，如池塘内的青蛙会吞食黄鳝的卵和幼苗，池塘里如果有乌鳢生存，喜欢捕食各种小型鱼类作为活饵，尤其是在它繁殖季节，一旦它的产卵孵化区域有小黄鳝游过，乌鳢亲鱼就会毫不留情地扑上去捕食这些黄鳝，因此池塘中有这些生物存在时，对养殖品种的危害极大，要及时予以捕杀。

根据我们的观察及参考其他养殖户的实践经验，认为在池塘养殖时，黄鳝的敌害主要有鼠、蛇、鸟、蛙、其他凶猛鱼类、水生昆虫、水蛭、青泥苔等，这些天敌一方面直接吞食幼鳝而造成损失；另一方面，它们已成为某些鱼类寄生虫的宿主或传播途径，例如复口吸虫病可以通过鸥鸟等传播给其他鱼的。

## 三、植物类敌害生物

一些藻类如卵甲藻、水网藻等对黄鳝有直接影响。水网藻常常缠绕幼鳝并导致死亡；而嗜酸卵甲藻则能引起黄鳝发生"打粉病"。

## 四、环境条件

### 1. 水温

黄鳝是冷血动物，体温随外界环境尤其是水体的水温变化而发生改变，所以说对黄鳝的生活有直接影响的主要是温度。当水温发生急剧变化，主要是突然上升或下降时，黄鳝机体和体温由于适应能力不强，不能正常随之变化，就会发生病理反应，导致抵抗力降低而患病。黄鳝适宜在15～30℃水温中生长。由于鳝池面积小，昼夜水温变化大，炎夏高温季节，水温有时高达40℃以上，往往会出现黄鳝被"烫死"现象。另外，由于鳝池要经常加注新水，换水量过大导致水温突变，从而影响黄鳝生长，例如水温猛降4℃左右时，极易引发黄鳝"感冒"。天气突变同样可能诱发疾病，甚至大批死亡。还有一点需要注意的就是虽然短时间内温差变化不大，但是长期的高温或低温也会对黄鳝产生不良影响，如水温过高，可使黄鳝的食欲下降。因此，在气候的突然变化或者鳝池换水时均应特别注意水温的变化。

### 2. 水质

黄鳝生活在水环境中，水质的好坏直接关系到黄鳝的生长，好的水环境将会使黄鳝不断增强适应生活环境的能力。如果生活环境发生变化，就可能不利于黄鳝的生长发育，当黄鳝的机体适应能力逐渐衰退而不能适应环境时，就会失去抵御病原体侵袭的能力，导致疾病的发生，因此在我们水产行业内，有句话就是"养鳝先养水"，就是要在养鳝前先把水质培育成适宜鳝养殖的"肥、活、嫩、爽"的标准。影响水质变化的因素有水体的酸碱度（pH）、溶氧（DO）、有机耗氧量（BOD）、透明度、氨氮含量等理化指标。

## 3. 底质

底质对池塘养殖的影响较大。底质中尤其是淤泥中含有大量的营养物质与微量元素，这些营养物质与微量元素对饵料生物的生长发育、水草的生长与光合作用都具有重要意义；当然，淤泥中也含有大量的有机物，会导致水体耗氧量急剧增加，往往造成池塘缺氧泛塘；同时，有学者指出，在缺氧条件下，鳝体的自身免疫力下降，更易发生疾病。

## 4. 酸碱度

一般地讲，酸碱度即 pH 在 6.5～7.2，即中性偏酸为最适范围。当水质过酸时，黄鳝的生长缓慢，pH 在 5～6.5 时，许多有毒物质在酸性水中的毒性也往往增强，导致黄鳝体质变差，易患打粉病。在饲养过程中可用石灰水进行调节，也可用 1% 的碳酸氢钠溶液来调节水的酸碱度。但是若饲养水偏碱，高于 7.5 以上时，会导致黄鳝生长不良，极易患病，甚至死亡。此时可用 1% 的磷酸二氯钠溶液来调节 pH 值。

## 5. 溶氧量

黄鳝的呼吸机制很特殊，对水体中溶解氧的忍受能力很强，一般而言，溶解氧较低时对它的生命没有太大的威胁，但是长期处于低溶解氧中的黄鳝，会对它的生长发育造成影响，另外，如果在饲养过程中黄鳝的密度大，又没有及时换水，水中黄鳝的排泄物和分泌物过多、微生物孳生、蓝绿藻类浮游生物生长过多，都可产生水质变混、变坏等恶化现象，导致黄鳝发病。

## 6. 毒物

高温季节，投饵量大，黄鳝排泄量多，池底沉积大量有机物，有机质的分解会消耗水体中大量氧气，造成缺氧，使有机质被迫无氧分解，产生大量氨气、硫化氢、沼气等有害气体；同时厌氧菌趁势大量繁殖，感染黄鳝，导致疾病。另外还有一些重金属盐类也会对黄鳝产生毒害，这些毒物不但可能直接引起黄鳝中毒，而且能降低黄鳝的防御机能，致使病原体容易入侵。急性中毒时，黄鳝在短期内会出现中毒症状或迅速死亡。当毒物浓度较低，则表现出慢性中毒，短期内不会有明显的症状，但生长缓慢或出现畸形，容易患病。现在各个地方甚至农村，各种工厂、矿山、工业废水和生活污水日益增多，含有一些重金属毒物（铝、锌、汞）、硫化氢、氯化物等物质的废水如进入鳝池，重则引起池子里的黄鳝大量死亡，轻则影响鳝的健康，使黄鳝的抗病机能削弱或引起传染病的流行。例如有些地方，土壤中重金属盐（铅、锌、汞等）含量较高，在这些地方修建鳝池，容易引起弯体病。

## 五、人为因素

### 1. 操作不慎

我们在饲养过程中，经常要给养鳝池换水、拉网捕捞、鳝种运输、亲鳝繁殖以及人工授精，有时会因操作不当或动作粗糙，使黄鳝受惊蹦到地上或器具碰伤鳝体，都可损伤鳝体表的黏液和皮肤，造成皮肤受伤出血等机械损伤，引起组织坏死，同时伴有出血现象。例如水霉病就是通过此途径感染的。

### 2. 外部带入病原体

在黄鳝养殖中，我们发现有许多病原体都是人为地由外部带入养殖池的，主要表现在从自然界中捞取天然饵料、购买鳝种、使用饲养用具等时，由于消毒、清洁工作不彻底，可能带入病原体。例如病鳝用过的工具未经消毒又用于无病鳝池的操作，或者新购鳝种未经隔离观察就放入池塘中，这些有意或无意的行为都能引起鳝病的重复感染或交叉感染。例如小瓜虫病等都是这样感染发病的。

### 3. 饲喂不当

黄鳝喜食新鲜饵料，如果投喂不当、投食不清洁或变质的饲料、或饥或饱及长期投喂单一饲料、饲料营养成分不足、缺乏动物性饵料和合理的蛋白质、维生素、微量元素等，这样导致黄鳝摄食不正常，就会缺乏营养，造成体质衰弱，就容易感染患病。当然投饵过多，易引起水质腐败，促进细菌繁衍，导致黄鳝罹患疾病。另外投喂的饵料变质、腐败，就会直接导致黄鳝中毒生病，因此在投喂时要讲究"四定"技巧，在投喂配合饲料时，要求投喂的配合饵料要与黄鳝的生长需求一致，这样才能确保黄鳝的营养良好。

另外如果投饵量不足、或驯食不彻底，黄鳝会出现自相残杀现象，除了造成死亡外，那些受伤的黄鳝的伤口也是病菌入侵的门户，通常会导致疾病传染。

### 4. 没病乱放药，有病乱投医

水产养殖从业者的综合素质，如健康养殖观念等亟待提高。另外渔民缺乏科学用药、安全用药的基本知识，病急乱用药，盲目增加剂量，给疾病防治增加了难度，尤其是原料药的大量使用所造成的危害相当大。大量使用化学药物及抗生素，造成正常生态平衡被破坏，最终可能导致抗药性微生物与病毒性疾病暴发，受伤害的还是渔民朋友。

## 5. 药物使用不当

黄鳝为无鳞鱼，对药物的抵抗力与有鳞鱼有很大差异。如果消毒剂、浸泡药物刺激性太强，会破坏黄鳝体表黏液，导致体质及免疫力下降，极易被有害菌侵入体内致病。内服药应以保健药、中草药为主，从增强黄鳝体质、增加免疫力的角度进行预防。

## 6. 放养密度不当和混养比例不合理

合理的放养密度和混养比例能够增加黄鳝和其他鱼的产量，但是过高的养殖密度始终是疾病频发的重要原因。如果放养密度过大，会造成缺氧，并降低饵料利用率，引起黄鳝的生长速度不一致，大小悬殊，同时由于黄鳝缺乏正常的活动空间，加之代谢物增多，会使其正常摄食生长受到影响，抵抗力下降，发病率增高。另外在集约式养殖条件下，高密度放养已造成水质二次污染、病原传播、水体富营养化，赤潮频繁发生，加上饲养管理不当等，都为病害的扩大和蔓延创造了有利条件，是导致近年来疾病绵绵不断、愈演愈烈的原因。

另一方面，混养比例不合理，也会导致疾病的发生，例如有些侵扰性较强的鱼类，当它们和不同规格的黄鳝同池饲养时，易发生大欺小和相互咬伤现象，长期受欺及被咬伤的黄鳝，往往有较高的发病率。

## 7. 饲养池进排水系统设计不合理

饲养池的进排水系统不独立，一池黄鳝发病往往也传播到另一池黄鳝发病，这种情况特别是在大面积精养时或流水池养殖时更要注意预防。

## 8. 消毒不够

有的时候，我们也对鳝体、池水、水草、食场、食物、工具等进行了消毒处理，但由于种种原因，或是用药浓度太低，或是消毒时间太短，导致消毒不够，这种无意间的疏忽有时也会使黄鳝的发病率大大增加。

## 9. 品种退化

水生动物种质日趋退化，以及苗种质量的良莠不齐，都将导致水产养殖动物抗病力下降，导致疾病的发生。

# 第二节　识别黄鳝生病

我们发现有许多养殖户在平时不注意观察黄鳝的各种表现，一旦黄鳝生病了就急忙求医问药，这时已经晚了，笔者认为鳝病如果等到症状出现时再治疗往往已经太晚而且难以治愈，不让黄鳝患病的秘诀只有早发现、早治疗。因此，平日应多注意观察养殖阶段的黄鳝，可以从下列几个方面初步判别是否发病，然后再通过检测患病鳝体的各项生理指标、病鳝的症状和显微镜检查的结果做出确诊。

## 一、根据疾病的特点做出判断

有时黄鳝出现不正常的现象时，极有可能是缺氧、中毒等原因。导致鳝体不正常或者发生死亡现象，一般情况下可以通过以下的几个症状做出快速判断：一是死亡迅速，除有些因素导致的慢性中毒外，鳝体一旦在较短的时间内出现大批死亡，就可能不是疾病引起的；二是症状相同，由于在小环境内，对饲养在一起的鳝体具有相同的影响，所以，如果全部饲养鳝所表现出来的症状、病程和发病时间都比较一致时，就可以判断不是疾病引起的；三是恢复快，只要环境因素改善后，鳝体可以在短时间内就能减轻症状，甚至恢复正常，一般都不需要长时间的治疗，这就说明鳝体可能是浮头或中毒造成的。

## 二、根据疾病发生的季节特点判断

许多黄鳝疾病的发生是根据不同的季节而发生的，这是因为各种不同的病原体都具有最适合其生长、繁殖的条件和温度，而这些均与季节有关，所以可根据鳝病发生的不同季节做出初步判断。如黄鳝的出血病主要发生在7~9月的炎热季节，水霉病则多发生在春初秋末等凉爽的季节，湖靛、青泥苔等有害水生植物不会在冬季出现。

### 三、根据黄鳝的摄食来判断

当气温、水温及养殖环境无任何改变，而且饲料的质量及加工、投喂等均无变化，而黄鳝的摄食量明显减少，可怀疑黄鳝已经生病，这时可通过检查饵料台、对饵料台进行消毒等措施来进一步判断。

### 四、根据黄鳝体表的症状做出判断

一般不同的鳝病在鳝体上表现是不同的，这样就可以快速做出判断，但是还有许多鳝病的病原体虽然不同，却在鳝体外观上表现是差不多的，这个时候就要求养殖户根据多种因素做出综合判断。如果黄鳝体表出现腐烂、白毛、异常斑块、寄生虫等，鳝体发红，非繁殖季节而肛门红肿，黏液脱落等，可怀疑已生病。

### 五、根据黄鳝的栖息环境做出判断

例如肠炎、赤皮病、打粉病等都发生在呈酸性的水域环境中；中华鳋、锚头鳋、鱼鲺等寄生虫病则多发生在弱碱性的水域环境中；当黄鳝处于不同的水域环境中，就有可能发生不同的疾病。

另一方面可以通过黄鳝生活习性的改变来判断它是否生病，一般正常的黄鳝平时应隐藏于草丛中或泥洞内。在池中没有青苔及杂草的情况下，如果发现黄鳝在白天的非吃食时间将头长时间伸出水面或爬到水草上面，既不入洞也不躲藏到草丛中，一旦发生这些异常的现象都可怀疑其已经生病。

## 六、根据黄鳝对外界的反应程度来判断

正常的黄鳝对外界的反应是非常灵敏的，它会对意外的声响、振动、水动等均会迅速做出反应，例如一遇到动静就会快速游走。当我们走近池边时，发现黄鳝无动于衷，仍浮在水面吃水，或贴在池壁，懒于游动，如果跺脚或拍打地面等发出震动或响声时，黄鳝才慢慢进入水中，但不一会儿又懒洋洋地浮于水面，这些对反应迟钝的黄鳝，很有可能就是生病了。

## 七、根据黄鳝的活动情况来判断

一般黄鳝是静静地待在洞穴中或躲藏在草丛中的，如果它的体表或体内有寄生虫寄生时，它会发生焦躁不安、急蹿的情况，当寄生情况严重时，它会受不了，而不断地出现翻滚、上浮下游或螺旋形或突然性蹿跳，不断地用身体擦水草、池壁、饲料台时，这就是生病的表现，极有可能是体表寄生虫寄生，如中华鳋、锚头鳋、日本新鳋、鲺等。

## 八、通过黄鳝的体质来判断

正常的黄鳝体质良好时，它的身体是匀称的，头小、体圆而短，富有美感，如果发现相当一部分的黄鳝出现头大、体细、尾尖时，说明有三种可能性，一是黄鳝的营养不良，二是黄鳝中毒了，三是黄鳝生病了。

## 第三节　鳝病常用治疗方法

鳝患病后，首先应对其进行正确而科学地诊断，根据病情病因确定有效的药物；其次是选用正确的给药方法，充分发挥药物的效能，尽可能地减少副作用。不同的给药方法，决定了对鳝病治疗的不同效果。

常用的鳝给药方法有以下几种：

### 一、挂袋（篓）法

即局部药浴法，把药物尤其是中草药放在自制布袋或竹篓或袋泡茶纸滤袋里挂在投饵区中，形成一个药液区，当黄鳝进入食区或食台时，使黄鳝体得到消毒和杀灭黄鳝体外病原体的机会。通常要连续挂三天，常用药物为漂白粉和敌百虫。另外池塘四角水体循环不畅，病菌病毒容易滋生繁衍；靠近底质的深层水体，有大量病菌病毒生存；茭草、芦苇密生的地方，很难进行泼洒药物消毒，病原物滋生更易引起黄鳝疾病发生；固定食场附近，黄鳝的排泄物、残剩饲料集中，病原物密度大。对这些地方，必须在泼洒消毒药剂的同时，进行局部挂袋处理，比重复多次泼洒药物效果好得多。

此法只适用于预防及疾病的早期治疗。优点是用药量少，操作简便，没有危险及副作用小。缺点是杀灭病原体不彻底，只能杀死食场附近水体的病原体和常来吃食的黄鳝身体表面的病原体。

## 二、浸洗法

这种方法就是将有病的黄鳝集中到较小的容器中，放在按特定配制的药液中进行短时间强迫浸浴一下，来达到杀灭黄鳝体表病原体的一种方法，它适用于个别黄鳝或小批量患病的黄鳝使用。药浴法主要是驱除体表寄生虫及治疗细菌性的外部疾病，也可利用皮肤组织的吸收作用治疗细菌性内部疾病。具体用法如下：根据病鳝数量决定使用的容器大小，一般可用面盆或小缸、放 2/3 的新水，根据黄鳝个体大小和当时的水温，按各种药品剂量和所需药物浓度，配好药品溶液后就可以把病鳝浸入药品溶液中治疗。

浴洗时间也有讲究，一般短时间药浴时使用浓度高、时间短，常用药为亚甲基蓝、红药水、敌百虫、高锰酸钾等，长时间药浴则用食盐水、高锰酸钾、福尔马林、呋喃剂、抗生素等。具体时间要按鳝体大小、水温、药液浓度和鳝的健康状况而定。一般鳝体大、水温、药液浓度低和健康状态尚可，则浴洗时间可长些。反之，浴洗时间应短些。

值得注意的是，浴洗药物的剂量必须精确，如果浓度不够，则不能有效地杀灭病菌；浓度太高，易对鳝造成毒害，甚至死亡。

洗浴法的优点是用药量少，准确性高，不影响水体中浮游生物生长。缺点是不能杀灭水体中的病原体，况且拉网捕黄鳝时既麻烦又容易弄伤鳝体，所以通常配合转池或运输前后预防消毒用。

## 三、泼洒法

就是根据黄鳝的不同病情和池中总的水量算出各种药品剂量，配制好特定浓度的药液，然后向鳝池内慢慢泼洒，使池水中的药液达到一定浓度，从而杀灭鳝体及水体中病原体。如果池塘的面积太大，则可把病鳝用鱼网牵往鳝池的一边，然后将药液泼洒在鳝群中，从而达到治疗的目的。

泼洒法的优点是杀灭病原体较彻底，预防、治疗均适宜。缺点是用药量大，易影响水体中浮游生物的生长。

## 四、内服法

就是把治疗鳝病的药物或疫苗掺入病鳝喜吃的饲料，或者把粉状的饲料挤压成颗粒状、片状后来投喂鳝，从而达到杀灭鳝体内的病原体的一种方法。但是这种方法常用于预防或鳝病初期，同时，这种方法有一个前提，即黄鳝自身一定要有食欲的情况下使用，一旦病鳝已失去食欲，此法就不起作用了。一般用 3～5 公斤面粉加氟哌酸 1～2 克或复方新诺明 2～4 克加工制成饲料，可鲜用或晒干备用。喂时要视鳝的大小、病情轻重、天气、水温和鳝的食欲等情况灵活掌握，预防治疗效果良好。

内服法适用于预防及治疗初期病鳝，当病情严重，病鳝已停食或减食时就很难收到效果。

## 五、注射法

对各类细菌性疾病注射水剂或乳剂抗生素的治疗方法，常采取肌肉内注射或腹腔内注射的方法将药物注射到病鳝腹腔或肌肉中杀灭体内病原体。

注射前鳝体要经过消毒麻醉，适于水温低于15℃的天气，以鳝抓在手中跳动无力为宜。注射方法和剂量：如果通过肌肉注射时，注射部位宜选择在背部前方肌肉丰厚处。如果是采用腹腔注射，注射部位宜选择在从头部至身体尾部的1/5处。一般采用腹腔注射，深度不伤内脏为宜，进针45°角。注意：要使用连续注射器，刺着骨头要马上换位，体质瘦弱的鳝不要注射。

注射法的优点是鳝体吸收药物更为有效、直接、药量准确，且吸收快、见效快、疗效好，缺点是太麻烦也容易弄伤鳝体，且对幼鳝无法使用。所以此法一般只适用于亲鳝的治疗，人工疫苗通常也是注射法。

## 六、涂抹法

以高浓度的药剂直接涂抹鳝体患病处，以杀灭病原体。主要治疗外伤及鳝体表面的疾病，一般只能对较大体型的鳝进行，涂抹法适用于检查亲鳝及亲鳝经人工繁殖后下池前，在人工繁殖时，如果不小心在采卵时弄伤了亲鳝的生殖孔，就用涂抹法处理。常用药为红药水、碘酒、高锰酸钾等。涂抹前必须先将患处清理干净后施药。优点是药量少、方便、安全、副作用小。

## 七、浸沤法

只适用于中草药预防鳝病，将草药扎捆浸沤在鳝池的上风头或分成数堆，杀死池中及鳝体外的病原体。

# 第四节　鳝病的预防措施

在人工养殖时，黄鳝虽然生活在人为调控的小环境里，养殖人员的专业水平一般较高，可控性及可操作性也强，有利于及时采取有效的防治措施。但是它毕竟生活在水里，一旦生病尤其是一些内脏器官的鳝病发生后，鳝的食欲基本丧失，常规治疗方法几乎失去效果，导致治疗起来比较困难，一般等治愈后都要或多或少的死掉一部分，尤其是幼鳝期更是如此，给养殖者造成经济和思想上的负担。因此对鳝病的治疗应遵循"预防为主，治疗为辅"的原则，按照"无病先防、有病早治、防治兼施、防重于治"的原理，加强管理，防患于未然，才能防止或减少黄鳝因死亡而造成的损失。目前在养殖中常见的预防措施有：改善养殖环境，消除病害滋生的温床；加强鳝苗鳝种检验检疫，杜绝病原体传染源的侵入；加强鳝体预防，培育健康鳝种，切断传播途径；通过生态预防，提高鳝体体质，增强抗病能力等措施。具体可以从下面几点来进行。

## 一、改善养殖环境，消除病原体孳生的温床

### 1. 鳝池修整

池塘是黄鳝栖息生活的场所，同时也是各种病原生物潜藏和繁殖的地方，所以池塘的环境、底质、水质等都会给病原体的滋生及蔓延造成重要影响。

（1）环境：黄鳝对环境刺激的应激性较强，因此一般要求鳝池建立在水、电、路三通且远离喧嚣的地方，鳝池走向以东西方向为佳，有利于冬春季节水体的升温；清除池边过多的野生杂草；在修建鳝池时要注意对鼠、蛇、蛙、杂鱼及部分水鸟的清除及预防。

（2）底质：鳝池在经过两年以上的使用后，淤泥逐渐堆积。如果淤泥过多，不但影响容水量，而且对水质及病原体的孳生、蔓延产生严重影响，所以说池塘清淤消毒是预防疾病和减少流行病暴发的重要环节。

池塘清淤工作主要有清除淤泥、铲除杂草、修整进出水口、加固塘堤等工作，排除淤泥的方法通常有人力挖淤和机械清淤，除淤工作一般在冬季进行，先将池水排干，然后再清除淤泥。清淤后的池塘最好经日光暴晒及严寒冰冻一段时间，以利于杀灭越冬的鳝病病原体。如果鳝池面积较大，清淤的工程量相当大，可用生石灰干法消毒。

（3）水质：在养殖水体中，生存有多种生物，包括细菌、藻类、螺、蚌、昆虫及蛙、野杂鱼等，它们有的本身

就是病原体，有的是传染源，有的是传染媒介和中间宿主，因此必须进行药物消毒。常用的水体消毒药物有生石灰、漂白粉、鱼藤酮等，最常用且最有效果的当推生石灰。在生产实践中，由于使用生石灰的劳动力比较大，现在许多养殖场都使用专用的水质改良剂，效果挺好。

（4）池塘消毒处理：无论是养殖池塘还是越冬池，鳝苗鳝种进池前都要消毒清池。消毒清池的方法有多种，具体方法在后面将有详述。

### 2. 水泥池处理

在黄鳝人工繁殖或者进行亲鳝专门培育或者进行一些特种水产养殖时，常常用到水泥池。水泥池的大小一般为 20 平方米左右，进排水要分开，养殖池、观察池、隔离池、产卵池、孵化池也要独立，减少疾病交叉感染的几率。使用时间较长的水泥池宜用板刷刷洗池壁后再用二氧化氯制剂清洗。在处理好后，再将池水培育好，然后放鳝入池。

对新建水泥鳝池，使用前一定要经过认真洗净，还须盛满清水浸泡数天到一周，进行"退火"或"去碱"，目的是除去硅酸盐对鳝及水质的影响，去碱的方法在前文已经讲述。

## 二、改善水源及用水系统，减少病原菌
##　　入侵的几率

水源及用水系统是鳝病病原传入和扩散的第一途径。

优良的水源条件应是充足、清洁、不带病原生物以及无人为污染有毒物质，水的物理、化学指标应适合于鳝的需求。用水系统应使每个养殖池有独立的进水和排水管道，以避免水流把病原体带入。养殖场的设计应考虑建立蓄水池，这样，可将养殖用水先引入蓄水池，使其自行净化、曝气、沉淀或进行消毒处理后再灌入养殖池，就能有效地防止病原随水源带入。

科学管水和用水，目的是通过对水质各参数的监测，了解其动态变化，及时进行调节，纠正那些不利于养殖动物生长和影响其免疫力的各种因素。一般来说，必需监测的主要水质参数有 pH、溶解氧、温度、盐度、透明度、总氨氮、亚硝基氮和硝基氮、硫化氢以及检测优势生物的种类和数量、异氧菌的种类和数量。

维持良好的水质不仅是养殖动物生存的需要，同时也是使养殖动物处在最适条件下生长和抵抗病原生物侵扰的需要。

## 三、科学引进水产微生物

（1）光合细菌：目前在水产养殖上普遍应用的有红假单胞菌，将其施放在养殖水体后可迅速消除氨氮、硫化氢和有机酸等有害物质，改善水体，稳定水质，平衡其水体酸碱度。但光合细菌对于进入养殖水体的大分子有机物如残饵、排泄物及浮游生物的残体等无法分解利用。水肥时施用光合细菌可促进有机污染物的转化，避免有害物质积累，改善水体环境和培育天然饵料，保证水体溶氧；水瘦时应首先施肥再使用光合细菌，这样有利于保持光合细菌在水体中的活力和繁殖优势，降低使用成本。

由于光合细菌的活菌形态微细、比重小，若采用直接泼洒养殖水体的方法，其活菌不易沉降到池塘底部，无法起到良好的改善底环境的效果，因此建议全池泼洒光合细菌时，尽量将其与沸石粉合剂应用，这样既能将活菌迅速沉降到底部，同时沸石也可起到吸附氨的效果。另外使用光合细菌的适宜水温为 15～40℃，最适水温为 28～36℃，因而宜掌握在水温 20℃以上时使用，切记阴雨天勿用。

（2）芽孢杆菌：施入养殖水体后，能及时降解水体有机物如排泄物、残饵、浮游生物残体及有机碎屑等，避免有机废物在池中的累积。同时有效减少池塘内的有机物耗氧，间接增加水体溶解氧，保持良好的水质，从而起到净化水质的作用。

当养殖水体溶解氧高时，其繁殖速度加快，因此在泼洒该菌时，最好开动增氧机，以使其在水体快速繁殖并迅速形成种群优势，对维持稳定水色，营造良好的底质环境有重要作用。

（3）硝化细菌：硝化细菌在水体中是降解氨和亚硝酸盐的主要细菌之一，从而达到净化水质的作用。硝化细菌使用很简单，只需用池塘水溶解泼洒就可以了。

（4）EM 菌：EM 菌中的有益微生物经固氮、光合等一系列分解、合成作用，使水中的有机物质形成各种营养元素，供自身及饵料生物的生长繁殖，同时增加水中的溶解氧，降低氨、硫化氢等有毒物质的含量，提高水质。

（5）酵母菌：酵母菌能有效分解溶于池水中的糖类，迅速降低水中生物耗氧量，在池内繁殖出来的酵母菌又可作为鳝、虾的饲料蛋白利用。

（6）放线菌：放线菌对于养殖水体中的氨降解及增加溶氧和稳定 pH 值有均有较好效果。放线菌与光合细菌配合使用效果极佳，可以有效地促进有益微生物繁殖，调节水体中微生物的平衡，可以去除水体和水底中的悬浮物质，亦可以有效地改善水底污染物的沉降性能、防止污泥解絮，起到改良水质和底质的作用。

（7）蛭弧菌：泼洒在养殖水休后，可迅速裂解嗜水气单胞菌，减少水体致病微生物数量，能防止或减少鳝、虾、蟹病害的发展和蔓延，同时对于氨氮等有一定有去除作用。也可改善水产动物体内外环境，促进生长，增强免疫力。

（8）水产微生物的功能

去碳、去氮：如芽孢杆菌、碱杆菌属、假单孢菌、黄杆菌等复合菌有去除水中的碳、氮、磷系化合物的能力，并有转化硫、铁、汞、砷等有害物质的功能。

杀灭病毒：如枯草杆菌、绿浓杆菌具有分解病毒外壳的酶的功能而杀灭病毒。

降解农药：如假单孢菌、节杆菌、放线菌、真菌有降解转化化学农药的功能。

絮凝作用：如芽孢杆菌、气杆菌、产碱杆菌、黄杆杆菌等有生物絮凝作用。可以将水体中的有机碎屑结合成絮状体，使重金属离子沉淀，使水体清澈。

反硝化作用：如芽孢杆菌、短杆菌、假单孢菌都是好氧菌和兼性厌氧菌，以分子氧作最终电子载体，在供氧不充分的时间与空间，可以利用硝酸盐为最终电子载体产生 $NO_2-N$ 和 N，而起反硝化作用，提高 pH 值。

消解污泥：各种硝化细菌在消解碳、氮等有机污染的同时，也使有机污泥同时得到消解。

## 四、严格鳝体检疫，切断传染源

对鳝的疫病检测是针对某种疾病病原体的检查，目的是掌握鳝病病原的种类和区系，了解病原体对它感染、侵害的地区性、季节性以及危害程度，以便及时采取相应的控制措施，杜绝病原的传播和流行。

在鳝苗鳝种进行交流运输时，客观上使鳝体携带病原体到处传播，在新的地区遇到新的寄主就会造成新的疾病流行，因此一定要做好鳝体的检验检疫措施，将部分疾病拒之门外，从根本上切断传染源，这是预防鳝病的根本手段之一。在水产养殖迅速发展的今天，地区间苗种及亲本的交往运输日益频繁，国家间养殖种类的引进和移植也不断增加，如果不经过严格的疫病检测，就可能造成病原体的传播和扩散，引起疾病的流行。

## 五、建立隔离制度，以切断疫病传播蔓延的途径

黄鳝疫病一旦发生，不论是哪种疾病，特别是传染性疾病，首先应采取严格的隔离措施，以切断疫病传播蔓延的途径。隔离就是对已发病的地区实行封闭，对已发病的池塘，其中的养殖动物不向其他池塘和地区转移，不排放池水，工具未经消毒不在其他池塘使用。与此同时，专业人员要勤于清除发病死亡尸体，及时掩埋或销毁，对发病动物及时做出诊断，确定对策和有无防治价值。每一个养殖场都应配备一定比例的隔离和疗伤池以备用。

## 六、苗种消毒

即使是健康的苗种，亦难免带有某些病原体，尤其是从外地运来的苗种。因此，必须先进行消毒，药浴的浓度和时间，根据不同的养殖种类、个体大小和水温灵活掌握。

（1）食盐：这是鳝体消毒最常用的方法，配制浓度为3%～5%，洗浴10～15分钟，可以预防黄鳝的三代虫病、指环虫病等。

（2）漂白粉和硫酸铜合剂：漂白粉浓度为10毫克/升，硫酸铜浓度为8毫克/升，将两者充分溶解后再混合均匀，将黄鳝放在容器里洗浴15分钟，可以预防细菌性皮肤病及大多数寄生虫病。

（3）漂白粉：浓度为15毫克/升，浸洗15分钟，可

预防细菌性疾病。

（4）硫酸铜：浓度为 8 毫克/升，浸洗 20 分钟，可预防车轮虫病。

（5）敌百虫：用 10 毫克/升的敌百虫溶液浸洗 15 分钟，可预防部分原生动物病和指环虫病、三代虫病。

（6）PVP-I（聚乙烯吡咯烷酮碘）：50 毫克/升洗浴 10～15 分钟，可预防寄生虫性疾病。

## 七、工具消毒

各种养殖用具，例如发病鳝使用的网具、塑料和木制工具等，常是病原体传播的媒介，特别是在疾病流行季节。因此，在日常生产操作中，如果工具数量不足，应在消毒后方可使用。

## 八、食场消毒

食场是黄鳝进食之处，由于食场内常有残存饵料，时间长了或高温季节腐败后可成为病原菌繁殖的培养基，就为病原菌的大量繁殖提供了有利场所，很容易引起黄鳝细菌感染，导致疾病发生。同时食场是鳝群最密集的地方，也是疾病传播的地方，因此对于养殖固定投饵的场所，也就是食场，要进行定期消毒，是有效的防治措施之一，通常有药物悬挂法和泼洒法两种。

（1）药物悬挂法：可用于食场消毒的悬挂药物主要有漂白粉、硫酸铜、敌百虫等，悬挂的容器有塑料袋、布袋、竹篓，装药后，以药物能在 5 小时左右溶解完为宜，悬挂周围的药液达到一定浓度就可以了。

在鳝病高发季节，要定期进行挂袋预防，一般每隔15～20天为1个疗程，可预防细菌性皮肤病。药袋最好挂在食台周围，每个食台挂3～6个袋。漂白粉挂袋每袋50克，每天换1次，连续挂3天；硫酸铜、硫酸亚铁挂袋，每袋可用硫酸铜50克、硫酸亚铁20克，每天换1次，连续挂3天。

（2）泼洒法：每隔1～2周在黄鳝吃食后用漂白粉消毒食场1次，用量一般为250克，将溶化的漂白粉泼洒在食场周围。

## 九、药物预防

水产养殖动物疾病的发生，都有一定的季节性，例如细菌性肠炎、寄生虫性皮肤病等，常在4～10月这段时间内流行。因此可定期进行药物预防，往往能收到事半功倍的效果。通过体内投喂药饵的方法，可对那些无病或病情稍轻的鳝起到极好的预防或防治作用，药饵的类型有颗粒饵料、拌和饵料、草料药饵、肉食性药饵。这里我们为养殖户介绍一个有效的小验方，每10公斤的鳝每天用氟哌酸1克或大蒜素50克与20克食盐，拌和成药饵，第二天减半，连续投喂5～7天为一个疗程；如果拌和抗生素做药饵，每10公斤的鳝用20～50毫克，连续投喂5～7天为一个疗程。

## 十、合理放养，减少鳝体自身的应激反应

合理放养包含两方面的内容，一是放养的某一种类密度要合理，二是混养的不同种类的搭配要合理。合理放养是对养殖环境的一种优化管理，具有促进生态平衡和保持养殖水体中正常菌丛调节微生态平衡，起到预防传染病暴发流行的作用。

## 十一、不滥用药物

药物具有防病治病的作用，但是不能滥用和盲目使用。滥用和盲目使用药物，不仅给养殖者造成一定的经济损失，也在一定程度上加重了养殖水域的污染，如抗生素，如果经常使用就可能污染环境，使微生态平衡失调，并使病原生物产生抗药性。因此，不能有病就用抗生素，应在正确诊断的基础上对症下药，并按规定的剂量和疗程，选用疗效好、毒副作用小的药物。药物与毒物没有严格的界限，只是量的差别，用药量过大，超过了安全浓度就可能导致养殖动物中毒甚至死亡。

## 十二、适时适量使用环境保护剂

水环境保护剂能够改善和优化养殖水环境，并促进养殖动物正常生长、发育和维护其健康，在池塘养殖中更要注意及时添加，通常每月使用 1～2 次。根据科研人员的研究发现，它的作用主要是净化水质，防止底质酸化和水体富营养化；补充氧气，增强黄鳝的摄食能力；

抑制有害物质的增加和抑制有害细菌繁殖；促使有益藻类稳定生长，抑制有害藻类繁殖等优点。

## 十三、培育和放养健壮苗种

放养健壮和不带病原的苗种是养殖生产成功的基础，培育的技巧包括几点：一是亲本无毒；二是亲本在进入产卵池前进行严格的消毒，以杀灭可能携带的病原；三是孵化工具要消毒；四是待孵化的鳝卵要消毒；五是育苗用水要洁净；六是尽可能不用或少用抗生素；七是培育期间饵料要好，不能投喂变质腐败的饵料。

## 十四、科学投喂优质饵料

饵料的质量和投饵方法，不仅是保证养殖产量的重要措施，同时也是增强黄鳝对疾病抵抗力的重要措施。养殖水体由于放养密度大，必须投喂人工饵料才能保证养殖群体有丰富和全面的营养物质转化成能量和机体有机分子。因此，科学地根据不同养殖对象及其发育阶段，选用多种饵料原料，合理调配，精细加工，保证黄鳝吃到适口和营养全面的饵料，不仅是维护其生长、生活的能量源泉，同时也是提高黄鳝体质和抵抗疾病能力的需要。生产实践和科学试验证明，不良的饵料不仅无法提供黄鳝成长和维持健康所必需的营养成分，而且还会导致免疫力和抗病力下降，直接或间接地使黄鳝易于感染疾病甚至死亡。

## 十五、科学饲养，加强管理

要使黄鳝正常生活，健康成长，必须加强日常管理和谨慎操作。这方面的工作内容很多，最主要的有：

（1）认真观察，发现生病个体，及时隔离，以防鳝病传染、蔓延。

（2）定时巡视池塘，至少每日早、晚各一次，观察水色，一发现情况要立即处理。

（3）加强日常管理工作，重点是做好池塘的清洁管理，定期或经常清除残饵粪便及动物尸体等，以免病原生物繁殖和蔓延；平日管理操作应细心谨慎，换水时的温差控制在3℃以内。

# 第五节　黄鳝常见病的防治

## 一、赤皮病

【别名】赤皮瘟

【病原病因】细菌感染导致。尤其是在捕捞或运输时受伤，细菌侵入皮肤所引起的。

【症状特征】体表局部出血，发炎，鳞皮脱落，病鳝身体瘦弱。

【流行特点】

（1）全国各黄鳝养殖区均能发病。

（2）一年四季均可发生。

【危害情况】

（1）主要危害成鳝。

（2）该病发病快，传染率及死亡率都很高，最高时死亡率可达80％。

【预防措施】

（1）放养时用10毫克/升的漂白粉浸洗鳝体20分钟。

（2）在鳝池埂上栽种菖蒲和辣蓼。

（3）捕捞和运输苗种时，小心操作，勿使鳝体受伤。

（4）发病季节用0.4毫克/升的漂白粉挂篓预防。

【治疗方法】

（1）用0.5毫克/升的漂白粉全池泼洒。

（2）用100克/升的食盐水或10毫克/升的二氧化氯溶液擦洗患处。

（3）用20～50克/升的食盐水浸洗病鳝15～20分钟。

## 二、肠炎病

【别名】烂肠瘟

【病原病因】肠型点状气单胞杆菌感染所致。尤其是黄鳝吃了腐败变质的饵料或饥饱失常，造成消化道感染病菌时更易发生。

发病原因可能与过量饱食、气候骤变、水温或溶氧下降及水质恶化等有关，饲料不新鲜、变质也可有引发肠炎。

【症状特征】病鳝反应迟钝，活动力下降，离群独游，食欲明显下降或明显没有食欲，水面上漂浮着包有黄白色黏液的粪便。体色变青发黑，肛门红肿突出，可明显看见肛门外有 2 个小孔，轻压腹部有黄色或红色黏液从肛门及口腔中流出。肠管充血发炎，一般不会引起大量死亡，但有可能引发其他并发症，如并发肝脏问题等，则有可能很快死亡。

【流行特点】

(1) 在黄鳝整个生长过程中均可发生此病。

(2) 5～8 月是主要流行时期。

(3) 流行水温 25～30℃。

(4) 全国主要黄鳝养殖区都能发病。

【危害情况】

(1) 主要危害幼鳝、成鳝。

(2) 能导致黄鳝直接死亡。

【预防措施】

(1) 投喂新鲜优质饲料，不投腐败变质饵料，掌握投饲"四定"、"四看"技术。

(2) 天气变化或使用药物时可适当降低投饵量，保持鳝池环境清洁。

(3) 用生石灰彻底清池，每平方米 15～25 克。

(4) 在发病季节每 10～15 天用漂白粉消毒 1 次。

(5) 长期投喂含三黄粉 0.25 克/公斤的饲料。

【治疗方法】

(1) 每 10 公斤黄鳝第 1 天用氟哌酸 1 克，拌食投喂，第 2～6 天减半。

（2）每公斤食物拌 200 克大蒜糜，连喂 3 天，每天 1 次。

（3）每 10 公斤黄鳝用地锦草、辣蓼或菖蒲 0.5 公斤，单独或混合熬汁拌食投喂，每天 1 次，连续 3 天。

（4）用 10 毫克/升的漂白粉全池遍洒。

（5）每 100 公斤黄鳝用大蒜 500 克、食盐 500 克，分别捣烂、溶解，拌饵投喂，连喂 7 天为一个疗程。

（6）用菌必清 0.05 毫克/升全池泼洒，连用 2～3 天。同时内服（鱼病康散 4 克＋三黄粉 0.5 克＋芳草多维 2 克）/公斤饲料，连用 3～5 天。

## 三、出血病

【病原病因】嗜水气单胞菌侵入受伤鳝体皮肤所致。苗种下箱或进池后，由于苗种质量差，抵抗力弱，加之降雨、低温、天气变坏、水质恶化等原因引起鳝苗的细菌感染。

【症状特征】黄鳝患此病后在水中上下窜动或不停绕圈翻动，久之则无力游动，横卧于水草上呈假死状态。白天可见病鳝头部伸出水面，俗称"打桩"；晚上可见身体部分露出水面俗称"上草"。黄鳝体表出现许多大大小小的充血斑块，有时全身会出现弥漫性出血，特别是腹部明显，病鳝内脏器官出血，用手轻轻挤压便有血水流出。

【流行特点】

（1）此病多发生于盛夏及初秋季节。

(2) 网箱养殖黄鳝更易发生。

【危害情况】

(1) 30克以上的黄鳝最易受伤害。

(2) 死亡率较高，有时可达60%。

【预防措施】

(1) 放养前，用生石灰彻底清塘，防止黄鳝体表受伤。

(2) 定期更换池水，保持水质清新。

(3) 定期使用净水宝或鱼用微生物水质调节剂，每10天一次。

【治疗方法】

(1) 按每100公斤黄鳝用氟哌酸20克、大蒜1公斤，捣烂，拌入蚯蚓糊，每天投喂1次，连喂3天即可。

(2) 用芳草灭菌净水液对网箱定点泼洒2次，同时内服出血散、三黄粉和芳草多维，连续拌饵投喂2~3天，1天1次。

## 四、水霉病

【病原病因】 由水霉菌寄生引起。主要是黄鳝在运输、翻箱等机械性损伤或互相咬伤皮肤后被霉菌侵入所致。

【症状特征】 霉菌的菌丝在体表迅速蔓延扩散而生成"白毛"，呈灰白棉絮状，肉眼可见，病鳝表现焦躁不安，患病处肌肉糜烂，食欲不振，最后消瘦而死。

【流行特点】

（1）水霉菌在5～26℃均可生长繁殖，最适温度13～18℃，水质较清的水体易生长繁殖并流行。

（2）四季均可发生，尤其在晚冬最流行。

【危害情况】主要寄生在黄鳝的伤口处以及受精卵上，危害黄鳝的鳝卵及仔鳝。

【预防措施】

（1）黄鳝入池前，用生石灰清池消毒。

（2）放养时大小分养，防止大鳝吃小鳝。

（3）操作时尽力减少鳝体受伤。

（4）投饵均匀适量，减少黄鳝自相残食。

【治疗方法】

（1）及时更换新水。

（2）用400毫克/升的食盐和400毫克/升的小苏打合剂全池泼洒。

（3）用30～50克/升的食盐水浸泡病鳝3～4分钟，并用0.2%的亚甲基蓝溶液全池遍洒，抑制病情发展。

（4）成鳝患病时用5%的碘水涂抹患处。

（5）受精卵可用50毫克/升的亚甲基蓝溶液浸洗3～5分钟，连续2天后每天用10毫克/升的亚甲基蓝1次，直至孵化出苗为止。

（6）用水霉净浸泡或全箱（池）泼洒1～2次。

# 五、打印病

【病原病因】点状气单胞菌。当养殖条件恶化、放养密度大、苗种规格不整齐、鳝体受损伤、饲料腐败、网箱没有浸泡好而划伤鳝体等原因时，易受病原菌感染而生病。

【症状特征】发病黄鳝，常将头部伸出水面。体表局部出血发炎，在鳝体侧或伤口处出现圆形或椭圆形黄豆或蚕豆大小的红斑，状似打了一个红色的印记，严重时表皮腐烂或呈斗状小窝，直到烂穿露出骨骼与内脏。

【流行特点】

（1）流行广泛，多见于夏秋两季。

（2）流行温度是 20～30℃。

【危害情况】该病从幼鳝到成鳝都会被感染，尤其对成鳝的危害更大。

【预防措施】

（1）定期换水，保持水质清新。

（2）放养前，用生石灰彻底清塘，并防止黄鳝体表受伤。

（3）苗种进箱或进池时要求规格一致，浸泡网箱及分箱操作要规范。

（4）平时可在鳝池中按每 5 平方米投放 1 只活蟾蜍，其分泌的蟾蜍液对此病有较好的预防作用。

（5）每立方米水体用生石灰 7 克化水趁热全池泼洒，每半个月 1 次，加以预防。

【治疗方法】

（1）将发病鳝池水排干，清除底泥，另垫泥土，灌注新水。

（2）用100毫克/升的漂白粉全池泼洒，每天1次，连续3天，以后每半月1次。

（3）直接在病灶部位涂抹高锰酸钾溶液清洗。

（4）取1～2只剥皮的癞蛤蟆，用绳子系在池内来回拖几趟，使蟾蜍分泌的蟾酥散发池内，可治疗此病。

（5）用5％的食盐水浸洗黄鳝体表5分钟。

（6）外用菌必清或强效消毒液对水体消毒一次，再用芳草泼洒剂对网箱定向泼洒2～3次，1天1次，同时内服鱼病康、三黄粉和芳草多维2～3次，1天1次。

## 六、毛细线虫病

【病原病因】毛细线虫寄生在黄鳝肠壁黏膜层，破坏组织，使肠中其他病菌侵入肠壁引起发炎。

【症状特征】毛细线虫头部钻入肠壁黏膜，破坏组织，并形成胞囊，使肠壁发炎，红肿，大量寄生时，黄鳝躁动不安，摄食减退，鳝体消瘦；伴有水肿，肛门红肿，可造成黄鳝消瘦死亡。

【流行特点】

（1）全国各地养鳝地区均发病。

（2）多发生于夏末秋初。

【危害情况】

（1）此病是人工养殖黄鳝过程中最常见的寄生虫疾病之一。

（2）严重时可直接导致黄鳝死亡。

【预防措施】

(1) 用生石灰彻底清塘，或放鳝种前将池水排干，经太阳长时间暴晒，杀死病原体。

(2) 在流行季节，每立方米水体用 20 克生石灰清池，杀灭中间寄主、带病者及其虫卵。

【治疗方法】

(1) 每公斤黄鳝用 90％的晶体敌百虫按 0.1 克拌入剁碎的蚯蚓或新鲜河蚌肉投喂，连续 6 天，即可治愈该病。

(2) 用强效消毒液浸洗病鳝。

(3) 用芳草纤灭全池泼洒一次。

## 七、发烧病

【病原病因】主要是由于高密度养殖或密集式运输时，鳝体表面所分泌的大量黏液，使水体中微生物作用下，聚积发酵加速分解，而消耗水中溶氧并产生大量热量，使水温骤升，溶氧降低而引发。

【症状特征】黄鳝体表较热，焦躁不安，相互纠缠在一起形成一个团块状，体表黏液脱落，池水黏性增加，头部肿胀，可造成大批死亡。

【流行特点】

(1) 全国各地养鳝地区均发病。

(2) 多发于 7～8 月。

【危害情况】主要危害成鳝。

【预防措施】

（1）夏季要搭棚遮阴，勤换水，及时清除残饵。

（2）降低养殖密度，鳝池内可搭配混养少量泥鳅，以吃掉残饵，维持良好水质，泥鳅的上下游窜可防止黄鳝相互缠绕。

（3）在运输或暂养时，可定时用手上下捞抄几次。

【治疗方法】

（1）黄鳝发病后，立即更换新水。

（2）在池中用 0.7 毫克/升的硫酸铜和硫酸亚铁合剂泼洒（两者比例 5∶2）。

（3）发病后可用 0.07% 浓度的硫酸铜液，按每立方米水体 5 毫升的用量泼洒全池。

（4）每立方水体用大蒜 100 克＋食盐 50 克＋桑叶 150 克捣碎成汁均匀泼洒鳝池内，每天 2 次，连续 2～3 天。

# 八、敌害

生长期间，尤其是刚放鳝苗和黄鳝繁殖季节，绝对不能够放鸭子入池捕食。为防止猫、鼠、鸟类等动物入池捕食黄鳝，最好用旧网片盖住池子，或是采取其他保护措施。

# 第十四章　黄鳝的捕捞与运输

## 第一节　黄鳝的捕捞

### 一、黄鳝捕捞的时机

每年的秋冬季节是黄鳝集中上市的季节，价格也比较高，由于水温较低，黄鳝活动能力减弱，从 11 月下旬开始至春节前后是捕捞黄鳝上市的最好时机，这时气候气温较低，黄鳝已停止生长，起捕后也便于贮运和鲜活出口。对于野外黄鳝的捕捞时机，还是以春末夏初为主要时机，此时野生的黄鳝活动能力强，觅食需求也强，非常容易被捕捉到，可以在捕捞后通过暂养或囤养措施，在冬季再出售。

### 二、野外找黄鳝洞的技巧

黄鳝在水中，一般都是自己在软泥中打洞或在天然的泥洞或石洞中穴居的，所以钓黄鳝首先要会找黄鳝洞。黄鳝洞大多打在池塘、湖泊、水田或小河沟的靠岸边的水中，由一个上洞一个下洞和一个窝组成。上洞一般在

水面上约 10 厘米的地方，下洞在水面下约 30～40 厘米
的地方。洞径因黄鳝的大小不同而不同，小的手指粗，
大的可达 6～7 厘米。窝在上洞和下洞之间，呈圆形，直
径约 10～15 厘米，是黄鳝转身、产卵、孵卵的地方。土
质松软处的鳝洞多接近水线，即使淹于水下也是暂时的，
黄鳝会不断地改变洞口的位置，使洞口经常处于与水线
相平，从而既保持洞内的湿润，又避免为水所灌。识别
鳝洞可由洞口的圆润、光滑，位于水线之上 8 厘米范围
区域内仔细寻找。发现洞穴后，还要看一看从洞口到水
线有无蠕行的痕迹。有时候，黄鳝的洞穴也会在水线以
下，这大多是因为涨水，来不及调整洞口的缘故。

　　河川中的黄鳝洞穴无明显的特征，一般都在水线以
下。在一些石头砌的岸边，那些石缝中也是黄鳝爱藏身
的地方，常常在一个石洞中藏着数条黄鳝。黄鳝洞如离
水面近，或水比较清时，一眼就可以看到。在钓黄鳝时，
经常都要用手去摸洞，如果摸到一个洞较深，而洞边又
没有淤泥，一般都是黄鳝洞，就可以下钩了。在黄鳝孵
卵时，还有一个容易找到黄鳝的方法，就是在洞口的水
面上，有一个直径约 10 厘米的，由很细小的白色气泡组
成的圈。黄鳝护卵性很强，护卵的亲鳝很容易钓。

## 三、黄鳝的捕捞

　　由于黄鳝身体无鳞，且有黏液，很滑，因此黄鳝的
捕捞不仅仅是一项技术活，有时也是一项乐趣横生的活
动。我们要根据具体的情况采取相应的捕捞方式，通常

有效的捕捞方法有以下几种。

## 1. 排水翻捕

这是小型池塘尤其是水泥池养殖时最有效的捕捞方法，在捕捞前先要把池中水排干，然后从池的一角开始逐块翻动泥土，一定要注意的是不要用铁锹翻土，最好用木耙慢慢翻动，再用网兜捞取，尽量不要让鳝体受伤，这种方式的起捕率是最高的，一般可高达 98％以上。若留待春节前后出售，可将池水放干后，在泥土上覆盖稻草，以免结冰而使黄鳝冻伤冻死，到春节前后翻泥捕捉即可。

## 2. 网片诱捕

这是利用黄鳝摄食的特性来捕捞，适用于池塘养殖黄鳝的捕捞。先用 2～4 平方米的网片（或用夏花鳝种网片）做成一个兜底形的网，放在水中，在网片的正中心放上黄鳝喜食的饵料，可用诱食性强的蚯蚓等饵料。随后盖上芦席或草包沉入水底，约半小时左右，将四角迅速提起，掀开芦席子或草包，便可收捕大量黄鳝，这些黄鳝会自动聚集在兜底，经过多次的诱捕后，起捕率高达 80％～90％。

## 3. 鳝笼网捕

一般家庭养鳝可采用笼捕法，此法操作简便、效果好。捕鳝的笼用竹篾编织而成，鳝笼呈"人"字形或

"L"字形，由两节细竹丝编扎而成的笼子连接制成。每节竹笼长 30 厘米、粗 10 厘米。其中一节竹笼的一端有一个直径约 3 厘米的进口，只能供鳝进而不能出；另一端有一个同样大小的出口，与另一节竹笼连通。第二节竹笼顶端装有盖子，用于投放诱饵和取鳝。在 20～30 个竹笼中分别放入一些猪骨头、动物内脏，笼头盖好倒须，笼尾用绳拴牢。捕捞一般在晚上进行，傍晚时，在笼里放入黄鳝喜欢吃的鲜虾、小鱼、猪肝、蚯蚓等饵料，然后放入池中的投饵处，晚上 7～8 时放笼。黄鳝夜间觅食时，嗅到食物，便从笼头口往竹笼内钻，当它饱餐一顿后想走时，因笼头口有倒须再也出不来了。次日凌晨收笼时，一般笼内都有黄鳝，解开笼尾的绳子或取掉笼头的倒须，将黄鳝倒入笆笼内。如果池里的黄鳝密度很大而且笼子又多的话，可以大约隔 2 小时，来提取笼中的黄鳝，规格小的自然掉入池中，大规格的能达到上市规格的黄鳝就会被捕捉上来，这种方式既能达到捕起商品黄鳝的目的，而又不影响小鳝的生长。经过多次捕捞，一般可捕获 70%～80%。这种竹笼捉黄鳝的方法只适宜春、夏、秋三季，冬季则不适用。

### 4. 钓捕

钓捕黄鳝，只能用于成鳝的捕捞，不能用于幼鳝和亲鳝的捕捞，因为这种捕捞方法会对黄鳝造成严重伤害。

短竿钓捕：竿长 1～1.5 米，等长钓线，钓线直径 0.4～0.5 毫米，大号钩，不用漂、坠，装上黑蚯蚓等钓饵，将饵钩置于黄鳝洞口或石缝处，逗引黄鳝，开始黄鳝因受惊立即缩入洞内，但当它闻到腥臭味后，又会伸出头来窥探，然后突然吞饵并缩入洞内。将竿一提，必得黄鳝。采用这种钓法可多准备几副短钓竿，分别下到几个黄鳝洞穴口，竿脚插入岸边的泥土中。当发现钓竿变位或者松弛的钓线绷紧时，说明黄鳝已吞下饵钩，这时可拉拽钓线，将黄鳝从洞穴内拉出，动作要快，拉出水面后立即将黄鳝放入鳝篓内。

钢丝钩探钓捕鳝：又叫黄鳝钩钓捕。是用一根直径1.2～1.5毫米、长0.5米左右的钢丝磨制而成，后端加上一段竹筷做的柄即可使用，一端磨尖，再弯成中号钓钩大小，另一端弯成环形，将整条黑蚯蚓穿入，然后对准寻找好的洞口或石缝探入，并轻轻搅动、进进退退，然后再往里探进。如果黄鳝洞穴较深，要尽量往里探去，以引诱黄鳝前来吃钩。钓饵只要一送进洞穴中，黄鳝灵敏的嗅觉马上就会嗅到蚯蚓的特殊气味，于是食欲大振，会游出一口将饵钩含进嘴里，随即就往洞穴里边拖。当手感有拉拽感时，再向前推送一下饵钩，然后顺势转腕，让钩尖朝下钩住黄鳝下颌，随之将其慢慢拉出，若黄鳝较大，这时不要急于将它拉出，可先钩牢稳住，让其在里面扭动，当黄鳝力耗尽，然后将其拖出。

蚯蚓团夜钓捕鳝：将准备好的棉线钓竿穿上墨绿色大蚯蚓，使蚯蚓在棉线的末端挤成一团。傍晚时，将穿好墨绿色大蚯蚓的20～30副钓竿一一插入黄鳝洞穴岸边，蚯蚓团抛在黄鳝洞穴的旁边。黄鳝晚上出洞觅食活跃，一口咬住，吞食蚯蚓团。钓者应准备好手电筒，每隔10分钟左右逐个检查一遍，可以看见黄鳝正在吞食蚯蚓。此时，钓者一手迅速提起钓竿，另一手拿笆笼接住，把黄鳝放入笆笼内。这种钓法，钓者要勤检查，如果时间长了，黄鳝就会弄断棉线逃之夭夭，或把蚯蚓团拖进洞穴中，就不容易把它拉出洞外了。

线钓钩捕鳝：用三号或四号缝衣针、维尼龙线和竹竿制成。缝衣针弯成钩状，竹竿长约20厘米。维尼龙线一端扎住吊钩（缝衣针）中间，线的另一端扎在竹竿上。诱饵穿在吊钩上，从蚯蚓尾部穿入，将缝衣针全部包住。傍晚，把装好的吊钩放入富有水草的河边水底，竹竿牢固地插在河岸上，2～3小时后或第二天早晨收回钓钩。用钩捕黄鳝，这种钓法，每次可用20～30副针钓竿。回捕率在50%～70%，劳动强度较大。

## 5. 手捉黄鳝

捉黄鳝的关键是要找准黄鳝的洞穴。当找准黄鳝洞穴后，便使用右手中指顺着黄鳝的洞穴往里面推进，一般都能捉到黄鳝。如果未捉到黄鳝，便用手顺洞穴把泥巴挖开，用食指、中指与无名指三个手指错开钳住（中指在上，另两指在下，将黄鳝钳在上下手指之间）。这种钳法很牢，而用平时的大拇指与其他四指分开抓东西的方法去抓，则黄鳝常常容易溜掉。

## 6. 草包张捕

把饲料放在草包内搁在平时喂食的地点，黄鳝就会钻入草包，将草包提起即可捕捉到黄鳝。

## 7. 草垫诱捕

初冬或晚秋放掉池水之前，做了诱捕准备的工作，将较厚的新草垫或草包用 5% 的生石灰溶液浸泡 23 小时消毒处理后，再用 2% 的漂白粉溶液冲洗除碱，晾置 2 天备用。将草垫铺在鳝池泥沟上一层，撒上厚约 5 厘米的消毒稻草、麦秆，再铺上草垫后，撒上一层约 10 厘米的干稻草。当水温降至 13℃ 以下时，逐步放水至 6～10 厘米深，水温降至 6～10℃ 时，再于泥沟中加盖一层约 20 厘米的稻草，温度明显下降时，彻底放掉池水，此时由于稻草的逆温效应，温度偏高于泥层，黄鳝就会进入下层草垫下或两层草垫之间。此法适宜于大批量捕捞黄鳝。

## 8. 扎草堆捕鳝

用水花生或野杂草堆成小堆，放在岸边或塘的四角，过 3～4 天用网片将草堆围在网内，把两端拉紧，使黄鳝逃不出去，将网中草捞出，黄鳝即落在网中。草捞出后，仍堆放成小堆，以便继续诱黄鳝入草堆然后捕捞。这种方法在雨刚过后效果更佳。

## 9. 迫聚法捕鳝

迫聚法是利用药物的刺激造成黄鳝不能适应水体，强迫其逃窜到无药性的小范围集中受捕的方法，这与药捕方法相类似，不同的是药捕法是通过药物的作用来迷昏黄鳝，黄鳝是被动的，而迫聚法是通过黄鳝的主动逃逸来达到捕捞的目的。

首先是迫聚药物的选择，用于黄鳝迫聚捕捉的药物有很多种，一般有茶籽饼、巴豆和辣椒等几种，这些药物在农村也是常见的，来源也挺方便，而且费用也不多。

茶籽饼，又叫茶枯，它含有皂苷碱，对黄鳝是有毒性的，在使用时一定要掌握它的剂量，在量多时可致黄鳝死亡，量少时可迫使它们逃窜。每亩池塘用 5 公斤左右，在使用技巧方面，应先用急火烤热、粉碎茶籽饼，保证颗粒小于 1 厘米，装入桶中沸水 5 升浸泡 1 小时备用。

巴豆的药性比茶枯强。使用量也比茶枯要少得多，每亩池塘用 250 克，在使用前先将巴豆粉碎，调成糊状备用。使用时加水 15 公斤混匀，然后用喷雾器喷洒。

辣椒最好选用最辣的七星椒，用开水泡 1 次，过滤一下，然后再用开水泡 1 次，再次过滤，取两次滤水，用喷雾器喷洒，每亩池塘用滤液 5 公斤。

其次是静水迫聚捕鳝法，这种方法用于不宜排灌的池塘或水田。先准备好几个半圆形有网框的网或有底的浅箩筐。将田中高出水面的泥滩耙平，在田的四周，每隔 10 米堆泥一处，并使其低于水面 5 厘米，在上面放半圆形有框的网或有底的箩筐，在网或箩筐上再堆泥，高出水面 15 厘米即成。将迫聚物质施放于田中，药量应少于流水法，黄鳝感到不适，即向田边游去，一旦遇上小泥堆，即钻进去。当黄鳝全部入泥后，就可提起网和筐捉取。此宜傍晚进行，翌晨取回。

再次是流水迫聚捕鳝法，这是用于可排灌的池塘或微流水养殖的池塘或稻田。在进水口处，做两条泥埂，长 50 厘米，成为一条短渠，使水源必须通过短渠才能流入田中，在进水口对侧的田埂上开 2～3 处出水口。将迫聚物质撒播或喷洒在田中，用耙在田里拖耙一遍，迫使黄鳝出逃。如田中有作物不能耙时，黄鳝出来的时间要长一些。当观察到大部分黄鳝逃出来时，即打开进水口，使水在整个田中流动，此时黄鳝就逆水游入短渠中，即可捕捉，分选出小的放生，大的放在清水暂养。

## 10. 幼鳝捕捉

有时为了出售鳝苗或者是将池中饲养的幼鳝移到别的池中，这时就需要将幼鳝捕捞出来。这时可用丝瓜筋来营造黄鳝的巢穴，每平方米可以放 3～4 个干枯的丝瓜筋，过一会幼鳝就会自动钻进去，用密眼网或其他较密的容器装丝瓜筋，就可把幼鳝捕捉起来。

# 第二节 黄鳝的运输

## 一、黄鳝的运输特点

黄鳝的一个重要特点就是它的口腔和喉腔的内壁表皮布满微血管网，除了在水中进行呼吸外，在陆地上还能通过口咽腔内壁表皮直接吸收空气中的氧气进行呼吸，因此它们耐低氧的能力非常强，这就决定了它们的生命力也非常强，因此，黄鳝起捕后不易死亡，适合采用各种运输方式。黄鳝的运输方法应根据数量的多少和交通情况，分别采用木桶装运、湿蒲包装运、机帆船装运或尼龙袋充氧装运等。

## 二、运输前的准备工作

### 1. 检查黄鳝的体质

不论采用哪种装运方法，在运输前必须对黄鳝的体质进行检查，将病、伤的黄鳝剔出，要用清水洗净附在黄鳝体上的泥沙脏物，检查黄鳝有无受伤，如口腔和咽部有内伤，易患水霉病；外伤、头部钩伤和躯体软弱无力的容易死亡，不宜运输，应就地销售。

### 2. 处理黄鳝

运输黄鳝前先将黄鳝贮养在水缸、木桶或小的水泥池中，切勿放在盛过各种油类而未洗净的容器中。此时需经常换水，以便把刚起捕的鳝体和口中污物清洗干净。开始时每半小时换水 1 次，所换的水一般温差不得超过3℃，并应尽量与贮池的水质相同，不要用井水、泉水和污染的水。待黄鳝的肠内容物基本排净后，即可起装外运。

### 3. 检查工具

根据运输的距离和数量，选择合适的运输工具，在运输前一定要对所选择运输途中的用具进行认真检查，看看是否完备，还需要什么补充的或者是应急用的。

### 4. 决定运输时间和运输路线

这是在运输前就必须做好的准备工作，因为黄鳝有一个特点，就是它一旦死亡，体内的组氨酸就会分解成有毒性的组氨，就失去了食用的价值。因此保证黄鳝运输过程中的成活率是非常重要的。所以在运输前就要对运输时间和运输路线做一个充分的准备，尽可能地走通畅的路线，用最短的时间到达目的地。尤其是对于幼鳝或作为亲鳝、种鳝的运输更为重要，不但到达目的地后要保证成活率，还要尽可能地保证健康的生活状态，以利于后面的生产活动。

## 三、干湿法运输

又称湿蒲包运输。主要利用黄鳝离水后，只要保持体表有一定湿润性，它就可能过口腔进行气体交换来维持生命活动，从而保持相当长时间不易死亡的这一特点来进行运输的。干湿法运输黄鳝有它特有的优势，一是需要的水分少，可少占用运输容器，可以减少运输费用，提高运载能力，还可以防止黄鳝受挤压，便于搬运管理，总的存活率可达到 95% 以上。但要求组织工作严密，做到装包、上车船、到站起卸都必须及时，不能延误。

此法适用于黄鳝装运数量不多，通常在 500 公斤以下时可以采用，途中时间在 24 小时以内。

运输方法是先将选择好的蒲包清洗干净，然后浸湿，目的是保持一定的湿度。第二步是将鳝入包，每包盛装 25～30 公斤。第三步是将包装入更大一点的容器中，便于运输，可将黄鳝装好后连包一起装入用柳条或竹篾编制的箩筐或水果篓中，加上盖，以免装运中堆积压伤。最后一步就是做好运输途中的保温和保湿，运输途中，每隔 3～4 小时要用清水淋一次，以保持鳝体皮肤具有一定湿润性，这对保证黄鳝通过皮肤进行正常的呼吸是非常有好处的。在夏季气温较高的季节运输时，可在装鳝容器盖上放置整块机制冰，让其慢慢地自然溶化，冰水缓缓地渗透到蒲包上，既能保持黄鳝皮肤湿润，又能起到降温作用。在 11 月中旬前后，用此法装运，如果能保持湿润（此时湿度较低，不宜再添加冰块），3 天左右一般不会发生死亡。

## 四、带水运输

相对于干法运输来说，采用带水运输黄鳝方法适宜较长时间的运输，且存活率较高，一般可达90％以上。

### 1. 运输容器

带水运输黄鳝用的容器可以采用木桶、帆布袋、尼龙袋、活水船和机帆船、水缸，在运输量少时大都采用木桶运输，在运输量较大时可用活水船和机帆船来装运，具体的要根据实际需要及自己的条件而定，不可强求。

### 2. 木桶装运

采用圆柱形木桶作为运输黄鳝的盛装容器，它虽然个体小、储量有限，但是它也有自身的优点。就是既可以作为收购、贮存暂养的容器，又适于汽车、火车、轮船装载运输，装卸方便，换水和运输保管操作便利，从收购、运输到销售不需要更换盛装容器，既省时又省力，还可减少损耗，所以通常用木桶装运。起运前要仔细检查木桶是否结实，是否漏水、桶盖是否完整齐全，以免途中因车船颠簸或摇晃而破损，引起损失。其次，准备几个空桶，随同起运，以备调换之用。

木桶的规格是圆柱形，用1.2～1.5厘米厚的杉木板制成（忌用松板），高70厘米左右，桶口直径50厘米，桶底直径45厘米，桶外用铁丝打三道箍，最上边的这个箍两侧各附有一个铁耳环，以便于搬运。桶口用同样的杉木板做盖，盖上有若干条通气缝以通空气。

容器中装载黄鳝的数量，要根据季节、气候、温度和运输时间等而定。一般容量为 60 公斤左右的木桶，水温在 25～30℃，运输时间在 1 日以内，黄鳝的装载量为 25～30 公斤，另盛清水 20～25 公斤或 20～25 公斤浓度为 0.5 万～1 万单位/升的青霉素溶液；运途在 1 日以上、水温超过 30℃，黄鳝装载量以 15～20 公斤为宜；如果天气闷热应再适当少装，每桶的装载量应减至 12～15 公斤。

运输途中的管理工作主要是定时换水，经常搅拌，每隔 3～4 小时搅拌 1 次，搅拌时可用手或圆滑的木棒桶底轻轻挑起，重复数次让黄鳝迂回转动，将底部的黄鳝翻上来，防止黄鳝"发烧"。气候正常、水温在 25℃ 左右，每隔 4～6 小时换水 1 次；若遇到风向突变（如南风转北风，北风转南风），每隔 2～3 小时就需换一次水；气候闷热气温较高时，应及时换水；另外在运输途中，如发现黄鳝有头部下垂，身子长时间浮于水面，并口吐白沫等异常现象时，说明容器中的水质变坏，应立即更换新水，换水时，一定要彻底，换的水以清净的活水（如江水、河水）为最好，不能用碱性较重的泉水、有机质含量较高的塘水；加水时，抬高水头，使黄鳝受水冲击，同时，必须注意水温的变化，温差不能超过 3℃，否则容易导致黄鳝产生疾病。若一时无其他水源，又急需换水时，可采取局部淋水、慢慢加入的办法。

同时保湿功能也要做好，尤其是在夏季运输黄鳝，水温过高时，可在桶盖上加放冰块，使溶化的冰水逐渐滴入运输水中，促使水温慢慢下降。

这里还有一个运输黄鳝的小技巧，对所有用活水运输黄鳝都有效果，可以推广应用。就是在装载黄鳝的木桶中，放一定数量（1～1.5公斤）的泥鳅，利用泥鳅好动的习性，在木桶中上窜下游，可避免黄鳝相互缠绕，并增加水中的溶氧。此外，在桶内稍许放些生姜和整只辣椒，对防治黄鳝"发烧"也有较好的效果。

### 3. 尼龙袋充氧密封运输

黄鳝运输量少急需（100～150公斤以内），一般采用尼龙袋充氧密封运输的方法。尼龙袋或塑料薄袋的常用规格为：长70～80厘米，宽40厘米，前端有10厘米×15厘米的装水空隙。

第一要做好合理的分工工作，通常是三人一组完成工作，其中一个人主要负责捞黄鳝；另外两个人进行合作，一个人负责掌握氧气袋，另外一个人负责充氧气；所有的这些工作必须细心、手脚麻利，不能损坏塑料口袋。

第二要仔细检查每只塑料袋是否漏气。用嘴向塑料袋吹气，这也是一个办法。另外还有其他的较好的方法，只要将袋口敞开，由上往下一甩，迅速用手捏紧袋口，判断塑料袋中是否漏气。

第三套袋也有讲究。装黄鳝的尼龙袋，外面应该再套上一只用以加固。有些人先把两只袋套在一起，再去加水、捉鳝，这是欠妥的。应该先用一只袋加好水，然后把另一只袋套上，随后再去捉鳝。

第四袋中充氧的步骤要注意先后。应在装鳝前就把塑料袋放进泡沫箱或纸板箱试一下，看一看大约充氧到什么位置，一般每袋装 10 公斤黄鳝，同时装入 10 公斤清水，然后根据这个要求再去捉黄鳝、充氧、充到一定程度就扎口，这样，正好装入箱内。同时正确估计充氧量，充氧量太多时，塑料袋显得太膨胀而不能很好地装进外包装的泡沫箱中；充氧量太少时，可能会导致黄鳝在长时间的运输过程中因氧气不足而发生死亡现象。如在夏季运输，注意袋上面要放冰块，使袋中水温保持在10℃左右，经过 48 小时后（这时黄鳝已苏醒过来）把黄鳝转入清水桶中，黄鳝又可恢复正常，存活率可达 100%。

第五扎袋要紧。袋扎得紧不紧是漏气的关键，当氧气充足后，先要把里面一只袋离袋口 10 厘米左右处紧紧扭转一下，并用橡皮筋或塑料带在扭转处扎紧，然后再把扭转处以上 10 厘米那一段的中间部分再扭转几下折回，再用橡皮筋或塑料带将口扎紧。最后，再把外面一只塑料袋口用同样的方法分 2 次扎紧，切不可把两袋口扎在一起。否则就扎不紧，容易漏水、漏气。

第六袋中放水量要适当。袋中装水量过多或过少都不好，一般来讲，装水约在 10 公斤，但也要看鳝体大小和鳝的数量多少而灵活掌握。如果数量少、鳝体小，则可少放些水，反之，如果鳝的数量多而且鳝体大，水则要多放。

第七远程运输还得加微量药物，如加适量浓度为1万单位/升的青霉素溶液。能起到防病和降低黄鳝耗氧量的作用，可降低黄鳝在运输中的死亡率。

## 4. 活水船或机帆船运输

如果黄鳝是集体上市，运输量较大，例如可能达到10000公斤以上时，可以考虑到用船运，如果兼有运输时间不长（一般在在24小时内），加上水运又非常方便的地方，这时用活水船或机帆船运输是最好的选择了，这种运输法的优点是能节约木桶，运输成本低，而且成活率又高，一般在95%以上。

第一要选择合适的黄鳝，装运的黄鳝应选择健壮无病的个体，凡有外伤或柔弱无力的个体都应剔除干净，不可运输或就地销售。

第二是船只的选择，船只不宜过大，一般以30～40吨的机帆船较好。盛装黄鳝的容量包括水的重量在内不超过实际载重量的70%，最多不超过80%。不宜盛装过多，以保证安全运输，有利于操作管理。船边缘要高，船底要平坦，舱盖齐全，船舱不漏水。另备能插入船舱底部的篾筒一个，筒径比水飘大一倍，以便换水操作。装黄鳝的船舱，事先必须彻底清洗，清除有害物质。

第三是装黄鳝，根据经验，用船运黄鳝时，黄鳝和水的比例一般各50%，也就是说装上1公斤黄鳝时，同时配装1公斤水。

第四是加强运输管理，运输途中，需要经常翻动黄鳝（注意避免擦伤鳝体）和勤换清水（活水船不换水）。发现死、伤黄鳝，必须及时清除。运输途中要适时彻底换水。天气正常，水温在25℃时，每隔6～8小时换水一次；天气闷热时，每隔2～4小时换水1次。水质不好时，需泄出一部分水，加添新水。以洁净的江河水为好，切忌用碱性强的水或温差太大的水为水源。凡发现有脑壳下垂、身体横卧水面、口吐白沫的黄鳝时，应立即用手或光滑的竹竿搅拌，把底部的黄鳝翻上来并换新水抢救。为了防止在贮运时易出现的黄鳝发烧而大批死亡，每隔8～12小时彻底换水1次是必要的，这样能有效地控制黏液发酵，提高运输存活率。

第五要注意，凡是运过柴油、汽油、桐油或当年上过桐油的船，都不能装运黄鳝。凡运过石灰、食盐、辣椒、化肥、农药等有毒或刺激性较强的物质的船，未经彻底清洗，也不可装运黄鳝。

## 5. 黄鳝的麻醉运输

在封闭充氧运输的基础上，采用麻醉剂的方式来运输黄鳝，这将代表国际间长途运输黄鳝的一个发展方向。将黄鳝通过药物麻醉后，以减轻其呼吸频率和代谢强度，使鳝体处于暂时的昏迷状态，到达目的地后，将黄鳝通过清水复苏后即可恢复常态。

通常使用的麻醉药物有戊巴比妥钠、乌拉坦和长效冬眠灵等。戊巴比妥钠药性较强烈，能抑制呼吸系统，因此在使用量上一定要严格把关；乌拉坦是中药，药性较温和，适用于黄鳝的麻醉；长效冬眠灵的药效与乌拉坦一样，作用是能引起黄鳝大脑中枢神经麻醉后可起到镇静作用。

用法和用量：乌拉坦1克可稀释清水10公斤，先用7公斤清水稀释，然后将待运输的黄鳝放入到里面浸泡10～15分钟，待药物起作用后，再加水到15公斤。在这种状态下，黄鳝的呼吸频率变缓，大大减少了对溶氧的消耗和二氧化碳的排出；同时黄鳝的排泄物也大大降低，减少了水质的恶化几率。到了目的地后，用清水5分钟即可恢复。

## 五、幼鳝的运输

幼鳝可用篓、筐运输。在篓或筐底铺垫无毒塑料薄膜，薄膜上放少量湿肥泥。运输前打入3～4只弃壳鸡蛋搅入泥中，以保持湿泥养分和水分。远途运输时，可放入适量泥鳅和水草，利用泥鳅的好动习性防止黄鳝相互缠绕，以利于提高成活率，也可用尼龙袋装水充氧运输。

## 六、运输过程中可能对黄鳝造成的损失

黄鳝在运输过程中，发生大批死亡的主要原因有以下几点，我们一定要针对性地做到及时预防，减少损失：

### 1. 水温升高，导致黄鳝死亡

任何水产动物都有它合适的水温要求，水温的上升

能引起黄鳝的活动加强和它的新陈代谢的加快，从而导致它本身耗氧量的剧增。试验研究表明当水温在 23～25℃时，这也是黄鳝生长发育的最适水温，它的新陈代谢能力是最旺盛的；如果水温进一步上升到 30～34℃时，耗氧量剧增到每小时每公斤为 697 毫克，这样高的耗氧量，加上在运输时黄鳝的密度比较大，自然易引起水中缺氧而死亡。所以运输黄鳝最好是在春、秋季节，水温在 25℃以下，并要定时换水，经常搅拌，保持最适温度。

## 2. 鳝体受伤引起死亡

一是用钩捕获的黄鳝直接用来运输，往往会使头部受伤而感染；二是用破损的篾篓或其他粗糙锋利的容器盛装，会使体表创伤；三是在运输时都是集中盛放，由于密度过大，它们相互用嘴撕咬，一般都会导致尾部咬伤。受伤黄鳝，往往受强者的挤轧而沉没于容器的底部。所以在运输时，要将病、伤的黄鳝剔出，容器要尽量光滑，无破损，另外运输密度要适量。

## 3. "发烧"缺氧，使鳝窒息

所谓"发烧"，是指运输黄鳝的容器内水温显著升高，如果不及时换水，水质进一步恶化，直至呈暗绿色，并有强烈的腥臭味，这时水中严重缺氧，大批黄鳝会窒息而死。在贮运时使用青霉素等抗生素，加入少量的泥鳅，上下窜动，使黄鳝减少相互缠绕，降低发烧病的发生率，并及时换水，可以提高成活率。